王瑞 王舵 编著

C++

教学做一体化教程

程序设计

清华大学出版社
北京

内 容 简 介

C++ 不仅支持 C 语言的几乎全部功能,还提供了数据抽象和面向对象的技术,更提供模板技术来提高运行效率。通过学习 C++ 可以快速过渡到面向对象编程,能够进行真正的软件开发。

本教材采用教、学、做一体化模式,以核心知识、能力目标、任务驱动和实践环节为单元组织本教材的体系结构。每章都由核心知识、能力目标、任务驱动和实践环节 4 个模块所构成。在语法上严格遵守 C++ 2011 标准,在程序设计思想方面强调模块化思想,在克服难点方面注重结构清晰地安排内容,循序渐进地展开知识,特别强调知识点的能力目标,通过合理的任务驱动和实践环节提高程序的设计能力和综合运用知识的能力。全书分为 10 章,分别讲解了初识 C++,数据类型,表达式与语句,函数,类,类与对象,单继承与组合,多继承与多态,运算符重载,模板。

本书不仅适合作为高等院校理工类学生学习 C++ 程序设计的教材,而且特别适合作为教、学、做一体化的教材。

图书在版编目(CIP)数据

C++ 程序设计教学做一体化教程/王瑞,王舵编著. —北京:清华大学出版社,2013.4
ISBN 978-7-302-31085-3

Ⅰ.①C… Ⅱ.①王… ②王… Ⅲ.①C 语言—程序设计—教材 Ⅳ.①TP312

中国版本图书馆 CIP 数据核字(2012)第 303599 号

责任编辑:田在儒 张 弛
封面设计:李 丹
责任校对:袁 芳
责任印制:杨 艳

出版发行:清华大学出版社
　　　　　网　　址:http://www.tup.com.cn,http://www.wqbook.com
　　　　　地　　址:北京清华大学学研大厦 A 座　　　　　　　　**邮　　编:**100084
　　　　　社 总 机:010-62770175　　　　　　　　　　　　　　**邮　　购:**010-62786544
　　　　　投稿与读者服务:010-62776969,c-service@tup.tsinghua.edu.cn
　　　　　质量反馈:010-62772015,zhiliang@tup.tsinghua.edu.cn
　　　　　课件下载:http://www.tup.com.cn,010-62795764
印 装 者:北京国马印刷厂
经　　销:全国新华书店
开　　本:185mm×260mm　　　　**印　张:**14.75　　　　　**字　　数:**356 千字
版　　次:2013 年 4 月第 1 版　　　　　　　　　　　　　　　**印　　次:**2013 年 4 月第 1 次印刷
印　　数:1～5000
定　　价:29.00 元

产品编号:045587-01

前　言
FOREWORD

　　本教材是作者多年讲授 C++ 语言的结晶,每章的核心知识点模块强调在编程中最重要和实用的知识点,其中的简单示例起着帮助读者理解和掌握核心知识的作用;能力目标强调使用核心知识进行编程的能力;需要完成的任务中的任务模板起着训练编程能力的作用,其中的任务小结主要总结任务中涉及的重要技巧、注意事项以及扩展知识,通过任务模板的训练,读者有能力完成后续的实践环节。第 1 章主要讲解开发 C++ 程序的基本步骤,读者可以迅速开发出第一个简单的C++ 程序,并充分认识到 C++ 语言的特点。第 2 章是数据类型,在核心知识和任务的安排方面特别注重训练读者应当掌握和理解基础知识。第 3 章是表达式与语句,在任务安排上注重结合实际问题,训练读者熟练地计算各种表达式、识别各种语句和它们的作用。第 4 章介绍函数,C++ 几乎保持 C 语言的全部面向过程编程技术,只有些微改变,在任务安排上注重结合实际问题训练读者熟练使用函数。第 5 章是本书的重点内容之一,讲述类的基本知识以及成员的声明和定义,强调特殊类型函数成员的使用,为了实现能力目标,特别注重选择有启发的例子和任务,以此训练读者使用所学知识解决实际问题的能力。第 6 章讲述对象的创建和使用,注重强调类中构造函数的调用。第 7 章是本书的难点之一,继承是面向对象语言最强大的特性,本章特别训练不同类型继承的特点、如何使用继承和组合。第 8 章讲述继承中的多态特性,强调如何根据对象的不同调用不同的函数体。第 9 章讲述运算符作为普通函数进行重载,强调运算符重载时要注意的各种问题。第 10 章讲述模板,它是通用代码不受数据类型的影响,并且可以根据要处理的对象自动适应数据类型的变化。

　　本教材特别注重引导学生参与课堂教学活动,适合高等院校相关专业作为教、学、做一体化的教材。

　　本教材的示例和任务模板的源程序以及电子教案可以在清华大学出版社网站上免费下载,以供读者和教学使用。

编　者

2013 年 3 月

目　录
CONTENTS

第 1 章

初识 C++

1.1 引　言

　　C 语言由贝尔实验室的 Dennis Ritchie 设计,于 1972 年实现。1983 年美国国家标准化委员会和信息处理分会创立了 X3J11 技术委员会,以提供该语言与机器无关的明确含义。1989 年,该委员会制定了 C 语言的标准(ANSIC),并获得批准。1999 年,该标准被更新。

　　贝尔实验室的 Bjarne Stroustrup 对 C 语言做了扩充,于 1980 年设计并开发出 C++ 语言。C++ 语言提供许多新功能,使 C 语言更加有条理,更重要的是,它提供了面向对象编程的功能。1985 年后,C++ 语言开始成为行业和大学占统治地位的一种语言并逐渐形成多种风格。1998 年国际标准化组织(International Standards Organization,ISO)完成对 C++ 语言的标准化后,所有的编译器都与标准兼容,并形成一个统一的 C++ 标准库,自此,该语言正式成为一门成熟的面向对象编程语言。

　　软件行业中,面向对象编程是一项技术革命。据研究发现,使用模块化面向对象的设计和实现方法,使得软件开发人员工作效率比采用结构化编程技术快 10～100 倍。

　　就程序员而言,C 程序员将注意力集中在编写函数上。执行某一任务的一组操作将构成函数,函数又构成程序。数据在 C 语言中主要是为了支持函数。C++ 程序员的主要工作在于创建用户自定义的数据类型——类。类的数据部分叫做数据成员,函数部分叫做成员函数。

　　面向对象技术的核心就是把数据(属性)和函数(行为)封装到程序包(类)中。类就像建造房屋的蓝图,利用它,建筑者可以建起许多房屋;利用类的定义,也可以建立相同类的许多变量(对象)。程序员只要将注意力集中在设计类上,然后在合理位置应用对象,就可以极大提高效率。例如,组装电脑时,用户并不需要知道声卡(一个类)内部的工作原理(类内部实现细节),更不会用原始的集成芯片和材料去制作声卡(类中数据和函数具体的实现方法),只需将一块声卡安装到合适的位置就可以了(使用声卡类的一个对象)。

1.2　开 发 环 境

核心知识

　　C++ 程序中包含变量和函数。函数由变量声明和执行语句组成。下面是一个简单的 C++ 程序,仅用来输出一个字符串。

```
#include <iostream.h>
int main()
{
    cout<< "这是我的第一个 C++ 程序 "<<endl;
    //在屏幕上输出"这是我的第一个 C++ 程序"
    return 0;
}
```

上面程序的运行结果是：

这是我的第一个C++程序

- #include <iostream. h> 该语句的功能是进行编译预处理。<iostream. h>是 C++ 提供的标准库头文件,其中包含了输入输出的类、函数和全局变量等。#include 指令后面的文件名使用尖括号"<>"括起来,表示该文件由编译系统提供;文件名 如果使用双引号括起来,表明用户想使用自己的头文件。
- int main() 该语句表明 main 函数没有返回类型。每个 C++ 程序都有一个主函数 main,它是程序的入口和出口。C++ 程序从 main 函数的第一条语句开始执行,顺序 执行完所有语句之后,程序结束。
- cout<<"这是我的第一个 C++ 程序"<<endl; 该语句告诉编译器在屏幕上显示 字符串。
- //在屏幕上输出"这是我的第一个 C++ 程序" 注释就是对程序的一个说明和解 释,本身对程序不产生任何影响。C++ 语言的注释以"//"开始,直到该行结束,当 然,它还同时支持 C 语言的注释风格:/* 注释 */。

能力目标

能够声明变量;
能够使用 cin 和 cout 进行输入和输出;
理解函数的作用。

任务驱动

(1) 任务的主要内容

编写一个 C++ 程序,在 main 函数中进行如下操作。

- 声明 int 类型的变量 c,thisvariable,q789123 和 number。
- 提示用户输入一个整数。
- 把键盘输入的整数为变量 number 赋值。
- 判断 number 是否等于 20:如果等于 20,输出"number 等于 20";如果不等于 20,则 输出"number 不等于 20"。
- 在程序末尾输出"这是我参与的第一个 C++ 程序!"。

(2) 任务的代码

根据任务内容的提示完成下面的程序,程序的运行结果如下:

从键盘输入一个整数，给number赋值
234
number不等于20
这是我参与的第一个C++程序!

```
#include <iostream.h>
//定义 main 函数
int main()
{
    【代码1】:          //声明 int 类型的变量 c,thisvariable,q789123 和 number
    cout<<"从键盘输入一个整数,给 number 赋值"<<endl;
    【代码2】:          //从键盘输入一个整数,为变量 number 赋值
    if(number==20) //判断 number 是否等于 20
        cout<<"number 等于 20"<<endl;      //如果 number 等于 20 执行这条语句
    else            //如果 number 不等于 20 时
        cout<<"number 不等于 20"<<endl;
    【代码3】:          // 输出"这是我参与的第一个 C++ 程序!"
    return 0;
}/* main 函数定义结束 */
```

（3）任务小结或知识扩展

- C++ 程序的开发过程一般经过：编辑、编译、连接和运行四个步骤。编辑是指用户在开发环境中输入源代码，一般保存为 *.cpp 文件。该文件通过编译，将源代码生成机器语言指令构成的目标文件。由于目标文件只是相对独立的程序块，需要通过连接将其转化为可执行程序。
- 一个 C++ 程序由一个主函数和若干个函数组成。一个函数必须在声明之后才能使用（被调用）。
- C++ 中函数的声明原则是：函数定义在先，调用在后，调用前不必声明；函数调用在先，定义在后，调用前需要声明。也就是说函数定义已经包含函数声明。
- C++ 程序中唯一不能定义函数的地方是另一个函数定义体内。
- C++ 中任何函数都可以被包括自己的函数调用。

（4）代码模板的参考答案

【代码1】: int c,thisvariable,q789123,number;
【代码2】: cin>>number;
【代码3】: cout<<"这是我参与的第一个 C++ 程序!"<<endl;

实践环节

写一个 C++ 程序，计算从 $1+2+3+4+\cdots+100$ 的值。请根据注释补充程序。该程序的运行结果如下。

1+2+3+···+100=5050

```
#include <iostream.h>
//定义 main 函数
int main()
{
```

```
【代码1】:          //声明变量 x 和 sum 为 int 型
【代码2】:          //将变量 sum 初始化为 0
  x=100;
  for(int i=1;i<=x;i++)
【代码3】:          //将变量 i 和变量 sum 相加,并把结果赋值给 sum
  cout<<"1+2+3+…+100="<<sum<<endl;
  return 0;
}/* main 函数定义结束 */
```

本 章 小 结

- C++ 程序一般经过编辑、编译、连接以及运行四个阶段。
- C++ 程序的文件扩展名一般是.cpp 或.c。
- C++ 程序中通过 # include <iostream.h>告诉编译器把输入和输出流包括到文件中。其中 cin 称为标准输入流,一般从键盘接收数据;cout 称为标准输出流,通常是向屏幕输出。
- C++ 程序中首先执行的是 main 函数。
- 以双斜杠(//)开始注释,然后描述代码的功能,使用户能够更好地理解这些代码。

习 题 1

1. 每个 C++ 程序都是从_____函数处开始执行。

2. 每个 C++ 语句都是以_____结束。

3. _____用于说明程序,并提高程序的可读性。

4. 将 $y=ax^3+7$ 用 C++ 语句表达,下面哪个选项是正确答案?(   )

   A. y=axxx+7;

   B. y=a*x*x*(x+7);

   C. y= a*x*(x*x+7);

   D. 不能用 C++ 语句表达

5. 编写一个程序,完成两个整数的加法。具体要求如下:

- 声明三个整型变量 a、b 和 c;
- 提示用户输入整数;
- 使用键盘输入为变量 a、b 赋值;
- 用表达式 a+b 的结果为变量 c 赋值;
- 输出 c 的值。

```
#include <iostream.h>
int main()
{
    【代码1】:          //声明三个整型变量 a、b 和 c
    cout<<"请输入两个整数"<<endl;
    【代码2】:          //使用键盘输入的数为变量 a 赋值
```

```
        cin>>b;          //使用键盘输入的数为变量 b 赋值
        【代码 3】:          //用表达式 a+b 的结果为变量 c 赋值
        cout<<"a+b="<<c<<endl;//输出 c 的值
}
```

6. 编写一个 C++ 程序,在 main 函数中提示用户输入圆的半径,调用子函数 CircleArea 计算圆的面积并返回给 main 函数。

```
#include <iostream.h>
#define  pi 3.1415           //使用宏替换
double CircleArea(double);    //CircleArea 函数圆形说明
/*定义 main 函数*/
int main()
{
    【代码 1】:                    //声明 double 类型变量 r 和 area
    cout<<"请输入圆的半径"<<endl;//提示用户输入
    【代码 2】:                    //接收键盘输入并为 r 赋值
    area=CircleArea(r);         //调用子函数 CircleArea
    cout<<"圆的面积为"<<area<<endl;
    return 0;
}/*main 函数定义结束*/

/*定义子函数 CircleArea*/
double CircleArea(double r)
{
    return pi*r*r;
}/*子函数 CircleArea 定义结束*/
```

7. 根据下面的要求编写 C++ 语句。

• 声明 int 类型的四个变量 x、y 和 z 以及 result;
• 提示用户输入 3 个整数;
• 接收键盘输入的 3 个数,分别为 x、y 和 z 赋值;
• 计算 x、y 和 z 的乘积,并赋值给变量 result;
• 输出"x、y 和 z 的乘积结果是",后面输出 result 的值。

数据类型

数据是程序操作的对象。它们具有一定的数据名称、数据类型等。其中数据名称是为某一数据指定的标识符,数据类型确定该数据操作时具体的范围。

C++ 程序中最基本的元素是数据类型。数据类型通常具有下面的三种作用:限定数据的取值范围;定义数据类型的运算集合以及规定该数据类型变量占用的内存大小。

2.1　整数类型

核心知识

字符型(char)、短整型(short int)、整型(int)和长整型(long int)称为整数类型。整数类型可以带符号,也可以不带符号,通常默认类型是带符号。带符号的整数类型最左边的位是符号位,其他的是数值;无符号类型中,所有的位都是数值。例如,带符号 short,表示数的范围是 $-32\ 768$ 到 $32\ 767$;如果是无符号 short,范围是 0 到 65 535。

(1) 字符型(char)

- 字符常量是用单引号引起来的字符。常量: 'a', 123, '\n'(转义字符), '\x3f'。
- char 定义的变量只能存储单个字符,而不能存储字符串。变量: char ch=12;。
- 字符型数据使用 8 位 ASCII 码表示。
- 有符号的 char 代表从 -128 到 127 之间的数值;无符号 char 表示从 0 到 255 之间的数值。

(2) short 型

short 型变量在内存中占 2 个字节。

(3) int 型

- 常量: 15(十进制), 076(八进制), 0x17fc(十六进制)。
- 变量: 变量必须先声明后使用。

```
int x;
x=1786;
```

- int 型变量在内存中占 4 个字节。

(4) long 型

- 常量: 5 238 898, 0x4fea2。

- 变量：long x＝6 553 554；。
- long 型变量在内存中占 4 个字节。

能力目标

能够声明整型变量，并赋予初值。

了解 char、short、int 和 long 型变量的取值范围。

任务驱动

任务一

（1）任务的主要内容

编写一个程序，完成下面的功能要求。

- 声明变量 c1、c2 和 c3 以及 TAB。c1 的初始值为'A'（其 ASCII 码值为 65）；
- 输出 c2 的值为'a'（其 ASCII 码值为 97），用 c1 的表达式给 c2 赋值；
- TAB 的初始值是水平制表符；
- 输出 c3 时，会有一声铃响，给 c3 赋初始值。

（2）任务的代码

根据"任务内容"的提示完成下面的程序，程序的运行结果如下：

```
#include <iostream.h>
int main()
{
    【代码 1】：//声明变量 c1、c2、c3 和 TAB。c1 的初始值为 'A'（其 ASCII 码值为 65）
    【代码 2】：//c2 的是 'a'（其 ASCII 码值为 97）
    cout<<c2<<endl;
    【代码 3】：//TAB 的初始值是水平制表符
    cout<<"哦"<<TAB<<"你也在这里吗？"<<endl;
    cout<<"想做的事情总找得出时间和机会；不想做的事情总找得出借口。"<<'\n';
    //'\n'是字符常量，表示回车换行
    【代码 4】：//输出 c3 时，会有一声铃响，给 c3 赋初始值
    cout<<"程序就要结束了，会有一声铃响，听听看"<<c3<<endl;
    return 0;
}
```

（3）任务小结或知识扩展

- 字符型数据使用 8 位 ASCII 码表示。字符型变量在内存中以整数存储，能够参与整数类型的操作。
- 在 C++ 中定义了一些以"\"开头的字符序列，作为特殊字符常量，例如\n'表示换行，\a'表示响铃。
- short int 类型数据的最大表示数为 32767，当该类型变量的赋值超过这个范围，称为溢出，得到的将是一个负数。

（4）代码模板的参考答案

【代码1】: char c1='A',c2,c3,TAB;
【代码2】: c2=c1+32;
【代码3】: TAB='\t';
【代码4】: c3='\a';

任务二

（1）任务的主要内容

下面是一个简单的加密解密程序。用户输入需要加密的数值number，称为"明文"。程序将数值乘以7加5进行加密得到"密文"并显示；最后将密文进行解密。具体要求如下：

- 声明 int 类型的变量 number、secret 和 encrypt；
- 提示用户从键盘输入一个数值，并为 number 赋值；
- 计算加密之后的值，并赋值给变量 secret；
- 输出密文；
- 对密文进行解密（算法是 secret 的值减去 5 再除以 7），并将结果赋值给变量 encrypt；
- 输出 encrypt 的值。

（2）任务的代码

根据"任务内容"的提示完成下面的程序，程序的运行结果如下：

```
输入一个整数为变量number赋值：1298
number的密文是9091
对密文进行解密，结果是:1298
```

```cpp
#include<iostream.h>
int main()
{
    【代码1】:     //声明 int 类型的变量 number、secret 和 encrypt
    cout<<"输入一个整数为变量 number 赋值：";
    【代码2】:     //使用键盘输入为变量 number 赋值
    【代码3】:     //对 number 进行加密
    cout<<"number 的密文是"<<secret<<endl;
    【代码4】:     //将密文 secret 进行解密
    cout<<"对密文进行解密,结果是："<<encrypt<<endl;
    return 0;
}
```

（3）任务小结或知识扩展

C++程序中的数据以变量或常量的形式描述。声明变量时，不仅要说明其数据类型，还要用标识符代表其占用的内存空间。C++的标识符遵循以下几条规则。

- 标识符只能由字母、数字以及下画线组成。
- 必须以字母开头，如果第一个字符是下画线，则被视为系统自定义的标识符。
- 严格区分字母的大小写，例如，string 和 String 是两个不同的标识符。
- 标识符可以任意长。
- 标识符不能是 C++保留的关键字。

附：C++ 的关键字如下。

ASM CONTINUE FLOAT NEW SIGNED TRY AUTO DEFAULT FOR OPERATOR SIZEOF TYPEDEF CASE DE GOTO FRIEND PRIVATE STATIC UNION BREAK DELETE PROTECTED STRUCT UNSIGNED CATCH DOUBLE IF PUBLIC SWITCH VIRTUAL CHAR ELSE INLINE REGISTER TEMPLATE VOLATILE CONST CLASS ENUM RETURN THIS EXTERN LONG SHORT THROW WHILE

（4）代码模板的参考答案

【代码 1】：int number, secret, encrypt;
【代码 2】：cin>>number;
【代码 3】：secret=number * 7+5;
【代码 4】：encrypt=(secret-5)/7;

实践环节

完成一个程序，将从键盘接收的 3 个整数中选出最大数并输出。程序的运行结果如下：

```
#include <iostream.h>
int main()
{
        【代码 1】：        //声明字符型变量 c
        【代码 2】：        //声明 short 型变量 n
        【代码 3】：        //声明 int 型变量 a
        cout<<"请输入三个整数"<<endl;
        【代码 4】：        //从键盘接收三个整数,分别赋值给变量 c,n,a
        【代码 5】：        //声明 int 型变量 max,其始初值为 c
        if(n>max)        //判断 max 和 n 的大小
        【代码 6】：        //将 c 和 n 中的较大值赋值给 max
        【代码 7】：        //判断 max 和 a 的大小
            max=a;        //将 max 和 a 中较大值赋值给 max
        cout<<"c、n、a 中最大值为: "<<max<<endl;
        return 0;
}
```

2.2 浮点类型

核心知识

C++ 中按照精度的不同划分了三种不同的浮点类型，分别是单精度（float）、双精度（double）和长双精度（long double）。

（1）float 型
- 常量：3.141 59,3e1,1.0；
- 变量：float PI＝3.141 59；
- float 型一般占 4 个字节。

（2）double 型
- 常量：1.0e－3；
- 变量：double length＝2.085；
- double 型一般占 8 个字节。

（3）long double 型
double 型一般占 8 个字节。

能力目标

能够声明浮点型变量，并赋予初值。
理解浮点型变量的取值范围。

任务驱动

（1）任务的主要内容
编写一个程序，计算圆的面积。具体功能为：
- 声明 float 类型的变量 radius，该变量表示圆的半径；
- 声明 double 类型的变量 zhouchang 和 mianji，分别代表周长和面积；
- 接收键盘输入为变量 radius 赋值；
- 判断输入是否合理；
- 如果 radius 是正数，分别计算圆的周长和圆的面积；
- 否则给出错误提示信息。

（2）任务的代码
根据"任务内容"的提示完成下面的程序，程序的运行结果如下：

```
请输入圆半径:10
圆周长为:62.8
圆面积为:314
```

```
#include <iostream.h>
【代码 1】:            //使用#define 声明 double 类型常量 PI,它的值为 3.14
int main()
{
    【代码 2】:        //声明 float 类型的变量 radius
    【代码 3】:        //声明 double 类型的变量 zhouchang 和 mianji
    cout<<"请输入圆半径: ";
    【代码 4】:        //接收键盘输入为变量 radius 赋值
    if(radius>=0)//判断 radius 的值是否合理
    {
        【代码 5】:    //计算圆的周长
```

【代码6】：　//计算圆的面积
```
        cout<<"圆周长为："<<zhouchang<<endl
            <<"圆面积为："<<mianji<<endl;
    }
    else
        cout<<"输入错误!"<<endl;        //输出错误提示信息
    return 0;
}
```

（3）任务小结或知识扩展

可以使用♯define定义一个常量，也可以使用C++中的关键字const修饰变量名，表示该变量初始化后值不能修改。例如使用const定义PI：const double PI＝3.14。

（4）代码模板的参考答案

【代码1】：#define　PI　3.14
【代码2】：float radius;
【代码3】：double zhouchang,mianji;
【代码4】：cin>>radius;
【代码5】：zhouchang＝2＊PI＊radius;
【代码6】：mianji＝PI＊radius＊radius;

实践环节

编写一个程序，接收键盘输入的数值赋给变量x，调用函数floor把该值四舍五入为最近的整数y，并输出。语句：y＝floor(x+0.5)。

2.3　布　尔　型

核心知识

布尔型变量有两种逻辑值：true和false。布尔型变量在算术表达式中根据值的状态被赋予整型值1(表示true)和0(表示false)。而整型变量转换成布尔变量则根据以下方式简化：整型值为0，其布尔值为假；整型值非0，其布尔值为真。

该类型变量常用来做逻辑测试，以改变程序流程。

- 常量：true、false。
- 变量：使用关键字bool来声明变量。

能力目标

掌握bool变量的声明和赋值方法。

能够使用布尔型变量改变程序执行流程。

任务驱动

（1）任务的主要内容

编写程序，体会bool型常量和变量的用法。具体要求如下：

- 输出两个布尔常量 false 和 true 的值；
- 声明两个 bool 型变量 flag1 和 flag2；
- 为变量 flag1 赋初始值 false；
- 为变量 flag2 赋初始值 true；
- 将 x>0 这个表达式的值赋值给 flag1；
- 将整数 100 强制类型转换后对 bool 型变量 flag1 赋值。

（2）任务的代码

根据"任务内容"的提示完成下面的程序，程序的运行结果如下：

```
false:0true:1
flag1=0
flag2=1
表达式123>0的布尔值是1
(bool)100=1
(bool)(-133.123)=1
```

```cpp
#include <iostream.h>
int main()
{
    【代码 1】:        //输出布尔常量 false 的值
    【代码 2】:        //输出布尔常量 true 的值
    【代码 3】:        //声明两个 bool 型变量 flag1 和 flag2
    【代码 4】:        //为变量 flag1 赋初始值 false
    【代码 5】:        //为变量 flag2 赋初始值 true
    cout<<"flag1="<<flag1<<endl
        <<"flag2="<<flag2<<endl;
    int x=123;
    【代码 6】:        //将 x>0 这个表达式的值赋值给 flag1
    cout<<"表达式 123>0 的布尔值是"<<flag1<<endl;
    flag2=flag1;   //bool 型变量可以相互赋值
    【代码 7】:        //将整数强制类型转换后对 bool 型变量赋值
    flag2=(bool)(-133.123);       //将浮点数强制类型转换后对 bool 型变量赋值
    cout<<"(bool)100="<<flag1<<endl       //输出的结果为 1
        <<"(bool)(-133.123)="<<flag2<<endl;//输出的结果为 1
    return 0;
}
```

（3）任务小结或知识扩展

- bool 型变量可以相互赋值。
- 当表达式需要一个算术值时，false 将提升为 int 型的 0，true 变为 1；同样，其他数值也可以转换为 bool 类型，0 转换为 false，所有其他值转化为 true。
- C++ 遇到两种不同数据类型进行运算时，会将两个数做适当的类型转换，再进行计算。类型转换分为两种，隐式转换和强制类型转换。当系统将数值自动转换时，也就是数值总是朝表达数据能力更强的方向转换时，称为隐式转换。例如，系统可以将 char 型变量转换为 short，float 型转换为 double。强制类型转换又叫显式转换。其语法是在一个数值或变量前加上带括号的类型名，也可以在类型名后跟带括号的数值或表达式。例如，flag2=(bool)(-133.123)。

（4）代码模板的参考答案

【代码 1】: cout<<"false: "<<false;

【代码 2】: cout<<"true: "<<true<<endl;

【代码 3】: bool flag1,flag2;

【代码 4】: flag1=false;

【代码 5】: flag2=true;

【代码 6】: flag1=x>0;

【代码 7】: flag1=(bool)100;

实践环节

将上例中【代码 4】的注释改为"为变量 flag1 赋初始值 0"，【代码 5】的注释改为"为变量 flag1 赋初始值 1"。重新填写语句，仔细观察输出是否有区别。

2.4　枚 举 类 型

核心知识

枚举类型用关键字 enum 后跟一个用户自定义的枚举类型名来定义，类型名后是花括号括起来的枚举成员，枚举成员之间使用逗号分隔。在缺省情况下，第一个枚举成员默认值为 0，后面的每个枚举成员默认值依次增加 1。例如：

enum file{input, output}；该语句定义了一个枚举类型 file，input 被认为整数值 0，output 值默认为 1。

* 枚举成员被当作整数对待，可以参与整数所做的运算。

```
int  a=0;
if(a==input)
    cout<<"input 的值为"<<input<<endl
```

* 可以在枚举定义的花括号内显式地为枚举成员赋值，这个值可能不唯一。

```
enum shape{ Dot=1, Line, Triangle, Ellipse, Circle=4 }
```

这个例子中，Ellipse 和 Circle 的整数值都是 4。

能力目标

能够使用关键字 enum 定义枚举类型。

能够使用该类型声明、初始化常量、变量。

能够使用枚举变量进行计算。

任务驱动

（1）任务的主要内容

编写一个程序，测试枚举变量的整数特性。具体要求如下：

* 定义枚举类型 color，并给其中成员赋值；

- 分别输出枚举成员的值；
- 声明枚举变量 a 和 b，a 的初始值为 RED；
- 使用枚举变量 a 为 b 赋值；
- 对枚举变量进行关系运算，并输出结果。

（2）任务的代码

根据"任务内容"的提示完成下面的程序，程序的运行结果如下：

```
RED=3   GREEN=8 BLUE=9
a=3
b=3
a<b=1
```

```cpp
#include <iostream.h>
enum color{RED=3,GREEN=8,BLUE};          //定义枚举类型 color
int main()
{
        //输出枚举常量
        【代码1】：     //输出枚举成员 RED 的值
        cout<< "\tGREEN= "<<GREEN;
        cout<< "\tBLUE= "<<BLUE<<endl;
        【代码2】：     //声明枚举变量 a 和 b，a 的初始值为 RED

        【代码3】：     //使用枚举变量 a 为 b 赋值
                        //输出枚举变量
        cout<< "a= "<<a<<endl
            << "b= "<<b<<endl;
        //对枚举变量进行关系运算
        b=GREEN;
        cout<< "a<b= "<< (a<b)<<endl;
        return 0;
}
```

（3）任务小结或知识扩展

定义枚举类型时，就是将该类型的变量取值范围一一列举出来。其中每个枚举元素都有对应的整型常量。但在程序中整型值不能直接赋给一个枚举变量。

（4）代码模板的参考答案

【代码1】：cout<< "RED= "<<RED;
【代码2】：color a=RED,b;
【代码3】：b=a;

实践环节

仔细阅读下面代码，体会枚举类型的使用方式和在代码中的作用。程序的运行结果如下：

```
一周之中，第1天是Monday
一周之中，第2天是Tuesday
一周之中，第3天是Wednesday
一周之中，第4天是Thursday
一周之中，第5天是Friday
一周之中，第6天是Saturday
一周之中，第7天是Sunday
```

```
#include <iostream.h>
enum WeekDay{Mon=1,Tues,Wed,Thurs,Fri,Sat,Sun};
int main()
{
    enum WeekDay week;
    char    * dayName[]={"","Monday", "Tuesday",
        "Wednesday" ,"Thursday" ,"Friday", "Saturday", "Sunday" };
        // dayName 是一个字符串数组名,其中元素是字符串
    for(week=Mon; week<=Sun; week= (enum WeekDay) ((int)week+1))
            cout<< "一周之中,第"<<week<< "天是"
                <<dayName[week]<<endl;
    return 0;
}
```

2.5　指　针

核心知识

指针保存着另一个变量的地址,通过这个地址可以访问变量,称为指针指向该变量。指针的数据类型就是指针所指变量的数据类型。

定义指针时,由数据类型后跟 *(星号),再跟着指针变量名组成。定义格式如下:

数据类型　* 标识符;
　　int 　* iptr,a=90;
　　iptr=&a;　//指针 iptr 中保存变量 a 的内存地址

指针初始化时要注意,不但必须是地址,而且要求是一个与指针类型相符的变量或常量的地址。

int x=1234, * p;
double y=1.03;
p=&y;　　//错误

指针是一个存储着内存地址的变量。不同类型的指针所被分配的内存空间的大小是相同的,即整型变量的大小。

能力目标

能够使用不同数据类型声明或定义指针变量。

熟练掌握指针运算符: * 和 &。

能够使用指针向函数传递参数。

能够使用指针操作数组。

任务驱动

(1)任务的主要内容

编写一个程序,练习指针操作符 * 和 &。

- 声明 int 类型的变量 a 和指针 aptr；
- 为变量 a 赋值，并将 a 的地址赋给 aptr；
- 输出 a 的值；
- 输出 aptr 指向变量的值；
- 输出 a 的地址；
- 输出 aptr 的值。

（2）任务的代码

根据"任务内容"的提示完成下面的程序，程序的运行结果如下：

```
a的值为:63
aptr指向变量的值是:63
a的地址为:0x0012FF7C
aptr的值为:0x0012FF7C
```

```cpp
#include <iostream.h>
int main()
{
    int a;
    【代码 1】:        //声明 int 类型的指针 aptr
    a=63;
    【代码 2】:        //将 a 的地址赋给 aptr
    cout<<"a 的值为: "<<a<<endl;
    【代码 3】:        //输出 aptr 指向变量的值
    【代码 4】:        //输出 a 的地址
    【代码 5】:        //输出 aptr 的值
    return 0;
}
```

（3）任务小结或知识扩展

- & 是地址运算符，返回的是操作数的地址；
- 在表达式"＊ 标识符"中，＊是一元操作符，返回操作数（即指针）指向的变量的值。

（4）代码模板的参考答案

【代码 1】: int ＊ aptr；
【代码 2】: aptr=&a；
【代码 3】: cout<<"aptr 指向变量的值是: "<< ＊ aptr<<endl；
【代码 4】: cout<<"a 的地址为: "<<&a<<endl；
【代码 5】: cout<<"aptr 的值为: "<<aptr<<endl；

实践环节

对于下面的每个操作，编写相应的语句完成指定的任务。

- 声明 double 类型的变量 v1 和 v2，v1 的初始值为 7.8901；
- 声明 double 类型的指针变量 fptr；
- 将 v1 的地址赋给 fptr；
- 输出 v1、＊ fptr 和 fptr 的值；
- 使用指针 fptr 将 v1 的值拷贝给变量 v2；

- 使用指针 fptr 将 v1 的值修改为 1.5858；
- 输出 v1 和 v2 的值；
- 输出 * fptr 和 fptr 的值。

2.6 数　　组

核心知识

数组是一个单一数据类型变量的集合。

- 数组定义由数据类型、标识符和维数组成。其中维数可以是整型常量也可以是常量表达式。例如：

```
int  A[4];
int  B[sizeof(A)/sizeof(int)];
```

数组用一组数来初始化时，可以不指定维数。例如：int A[ ]={1,2,3,4};。

- 数组不能初始化另一个数组。

```
int  A[]={1,2,3,4};
int B[]=A;    //错误
```

- 字符数组可以用逗号分开的字符常量列表来初始化，也可以用一个字符串来初始化。但这两种方式并不等价。

```
char c1[3]={'C','+','+'};
char c2[4]="C++";
```

能力目标

掌握声明数组、初始化数组和使用数组中单个元素的方法。
掌握数组作为参数的方法。

任务驱动

任务一

（1）任务的主要内容

编写一段程序，定义一个数组，当指针指向数组时，测试指针间的关系和逻辑运算。具体要求如下：

- 声明 int 类型的数组 d，并给其中的元素赋初始值；
- 声明 int 类型指针 iptr1；
- 指针 iptr1 指向数组 d 的起始地址；
- 输出 iptr1 指向的值；
- 声明 int 类型指针 iptr2，该指针指向数组中第 5 个元素；
- 对指针 iptr1 和 iptr2 进行比较，并输出结果。

（2）任务的代码

根据"任务内容"的提示完成下面的程序,程序的运行结果如下：

```
(*iptr1)=1
(*iptr2)=9
(iptr1>iptr2)=0
(iptr1!=iptr2)=1
(iptr2-iptr1)=4
```

```cpp
#include <iostream.h>
int main()
{
    int   d[10]={1,3,4,34,9,67,42,31,12,33};
    【代码1】:       //声明 int 类型指针 iptr
    【代码2】:       //指针 iptr 指向数组 d 的起始地址
    【代码3】:       //输出 iptr 指向的值
    【代码4】:       //声明 int 类型指针 iptr2,该指针指向数组中第 5 个元素
    cout<<"(*iptr2)="<<(*iptr2)<<endl;
    cout<<"(iptr1>iptr2)="<<(iptr1>iptr2)<<endl    //指针间的关系运算
        <<"(iptr1!=iptr2)="<<(iptr1!=iptr2)<<endl    //指针间的关系运算
        <<"(iptr2-iptr1)="<<(iptr2-iptr1)<<endl;    //指针间的算术运算
    return 0;
}
```

（3）任务小结或知识扩展

数组是一组连续的内存单元,其中所有元素具有相同的名字和类型,一般使用数组名表示数组的起始地址,使用位置编号(简称下标,从 0 开始计数)表示数组特定位置的元素。

（4）代码模板的参考答案

【代码1】: int * iptr1;
【代码2】: iptr1=d;
【代码3】: cout<<"(*iptr1)="<< * iptr1<<endl;
【代码4】: int * iptr2=iptr1+4;或者 int * iptr2=&d[4];

任务二

（1）任务的主要内容

编写一个程序,输出数组地址、数组中第一个元素的地址,然后求该数组中所有元素之和。

- 声明 int 类型的数组 ival 和变量 sum;
- 输出 ival 的值,注意 ival 是数组名;
- 输出 ival 中下标为 0 元素的地址;
- 输出 ival 的地址;
- 声明指针 iptr,它指向数组 ival 的起始地址;
- 对数组 ival 中所有元素进行求和;
- 输出数组所有元素之和。

（2）任务的代码

根据"任务内容"的提示完成下面的程序,程序的运行结果如下:

```
ival=0x0012FF58
&ival[0]=0x0012FF58
&ival=0x0012FF58
ival[0]+ival[1]+ival[2]+...+ival[19]=570
```

```cpp
#include <iostream.h>
int main()
{
    int ival[]={80,68,45,37,42,45,84,81,29,59},sum=0;
    【代码 1】:      //输出 ival 的值,注意 ival 是数组名
    【代码 2】:      //输出 ival 中下标为 0 元素的地址
    【代码 3】:      //输出 ival 的地址
    【代码 4】:      //声明指针 iptr,它指向数组 ival 的起始地址
    for(int i=0; 【代码 5】:      ;i++)              //对数组 ival 中所有元素进行求和
        【代码 6】:
    cout<<"ival[0]+ival[1]+ival[2]+...+ival[19]="
        <<sum<<endl;                              //输出数组所有元素之和
    return 0;
}
```

（3）任务小结或知识扩展

- 数组名代表数组中第一个元素的地址:可以使用 * ival 或 ival [0]获得数组中第一个元素的值,使用 * (ival+1)或 ival [1]获得数组中第二个元素的值。基于此,可以认为数组名是常量指针,它和指针几乎可以互换使用。
- 函数 total 中 iptr 指向数组的首地址,iptr+i 表明当前指向数组中下标为 i 的元素,其中 i 是指针的偏移量,等于数组的下标。
- sizeof 能够返回数据类型或变量的内存大小。

（4）代码模板的参考答案

【代码 1】: cout<<"ival="<<ival<<endl;
【代码 2】: cout<<"&ival[0]="<<&ival[0]<<endl;
【代码 3】: cout<<"&ival="<<&ival<<endl;
【代码 4】: int * iptr=ival;
【代码 5】: i<sizeof(ival)/sizeof(int);
【代码 6】: sum= * (iptr+i)+sum;　　　或者　　　sum=sum+iptr[i];

实践环节

阅读下列程序,思考输出结果。

```cpp
#include <iostream.h>
int main()
{
    int a[]={23,65,74,232,4318};
    int * aptr=a;      //指针 aptr 指向数组 a
    int i,offset;      //定义循环控制变量和偏移量
```

```
cout<<"使用数组下标访问元素"<<endl;
for(i=0;i<sizeof(a)/sizeof(int);i++)
    cout<<"a["<<i<<"]="<<a[i]<<endl;

cout<<"使用数组和偏移量访问元素"<<endl;
for(offset=0;offset<sizeof(a)/sizeof(int);offset++)
    cout<<"*(a+"<<offset<<")="<<*(a+offset)<<endl;

cout<<"使用指针和下标访问元素"<<endl;
for(i=0;i<sizeof(a)/sizeof(int);i++)
    cout<<"aptr["<<i<<"]="<<aptr[i]<<endl;

cout<<"使用指针和偏移量访问元素"<<endl;
for(offset=0;offset<sizeof(a)/sizeof(int);offset++)
    cout<<"*(aptr+"<<offset<<")="<<*(aptr+offset)<<endl;
return 0;
}
```

2.7 结 构 体

核心知识

（1）结构体是相关变量的集合

它可以包含许多不同数据类型的变量,其定义方式为:

```
struct   结构体名
{
    //数据成员声明
};  //分号不能省略
```

其中,struct 是结构体类型的标志;结构体名为用户自定义的标识符;结构体类型的组成部分就是它的成员,成员的命名规则与变量命名相同。定义一个结构体 Student 的写法为:

```
struct   Student
{
    char name[20];
    int age;
    char sex;
};
```

（2）初始化结构体变量

结构体是自定义的数据类型,本身不占用内存,只有定义了该类型的变量时,系统才会分配存储空间。结构体变量占用的内存单元是其成员占用的内存之和。

初始化结构体变量通常有如下两种方法。

- 创建结构体变量,用逗号分隔初始值列表,并在列表之外加上大括号;
- 使用一个已赋值的变量给另一个同类型变量赋值。

```
Student s1={"宁浩",35,'M'},s2;
```

```
    s2=s1;
```

（3）访问结构成员

如果结构体变量要使用该结构体中某成员，则使用"."（点运算符）；如果结构体类型指针访问结构体成员，则使用"->"（箭头操作符）。

能力目标

能够定义结构体。

使用结构体变量和结构体指针。

理解结构体在程序中的作用。

任务驱动

任务一

（1）任务的主要内容

在一个程序中，定义一个扑克牌的结构体 Card，它的数据成员有点数和花色；在函数 main 中定义 Card 类型的变量和指针，分别使用点操作符和箭头操作符访问相应的数据成员。具体要求如下：

- 定义一个扑克牌的结构体 Card；
- 在 main 函数中定义 Card 类型的变量 a；
- 分别为变量 a 的 number 和 suit 成员赋值；
- 声明一个 Card 类型的变量 b，同时赋值；
- 声明 Card 类型的指针 ptr，它指向 Card 变量 b；
- 输出牌面 a 的点数和花色；
- 使用指针输出牌面 b 的点数和花色。

（2）任务的代码

根据"任务内容"的提示完成下面的程序，程序的运行结果如下：

```
牌面a是：黑桃 10
ptr指向的牌面是：梅花 A
```

```cpp
#include <iostream.h>
/*定义一个扑克牌的结构体 Card,它的数据成员有点数 number 和花色 suit*/
struct Card
{
    char * number;          //扑克牌的点数
    char * suit;            //扑克牌的花色
};
int main()
{
    Card a;                 //定义 Card 类型的变量 a
    a.number="10";
    a.suit="黑桃";
    Card b={"A","梅花"};    //定义一个 Card 类型的变量 b,同时赋值
    Card * ptr=&b;          //定义 Card 类型的指针 ptr,它指向 Card 变量 b
    cout<<"牌面 a 是："<<a.suit<<" "<<a.number<<endl
```

```
            <<"ptr指向的牌面是："<<ptr->suit<<" "<<ptr->number<<endl;
        return 0;
    }
```

（3）任务小结或知识扩展

初始化结构体变量时，要将各成员所赋初值依照结构体中数据成员说明顺序依次放在一个大括号内，不允许跳过前面的成员给后面的成员赋值，但可以只给前面若干个成员赋值，后面未被赋值的成员中，凡数值型和字符型，系统自动赋零值。

任务二

（1）任务的主要内容

编写一个程序，定义一个结构体类型 Part，并为其声明变量。具体要求如下：

- 定义一个结构体类型 Part，数据成员包括 int 类型的变量 partnumber 和 char 类型的数组 partname[20]；
- 使用 Part 声明一个变量 a 和一个数组 b[3]；
- 使用 Part 声明一个指针 ptr；
- 从键盘获取数值，初始化变量 a；
- 将变量 a 的成员值赋给数组中第 3 个元素；
- 使用数组名和下标输出数组中第 3 个元素的成员值；
- 用数组的起始地址为指针 ptr 赋值；
- 使用指针和偏移量输出数组中第 3 个元素的成员值。

（2）任务的代码

根据"任务内容"的提示完成下面的程序，程序的运行结果如下：

```
请输入一个整数，初始化Part类型的数据成员partnumber:4621
请输入一个字符串，初始化Part类型的数据成员partname:dudu
b[2].partnumber=4621,b[2].partname=dudu
(ptr+2)->partnumber=4621,(ptr+2)->partname=dudu
```

```
#include <iostream.h>
/*定义一个结构体 Part，数据成员包括 int 类型的变量 partnumber 和 char 类型的数组
   partname[20]*/
    【代码1】：                    //定义一个结构体 Part
{
    int partnumber;              //定义数据成员：int 类型的变量 partnumber
    【代码2】：                    //定义数据成员：char 类型的数组 partname[20]
};
int main()
{
    【代码3】：                    //使用 Part 类型声明一个变量 a
    【代码4】：                    //使用 Part 类型声明一个数组 b
    【代码5】：                    //使用 Part 类型声明一个指针 ptr
    cout<<"请输入一个整数，初始化 Part 类型的数据成员 partnumber\t"
    cin>>a.partnumber;           //从键盘获取数值，初始化变量 a 的数据成员 partnumber
    cout<<"请输入一个字符串，初始化 Part 类型的数据成员 partname\t"
    【代码6】：                    //从键盘获取数值，初始化变量 a 的数据成员 partname
```

【代码 7】：　　　　　　　　//将变量 a 的成员值赋给数组中第 3 个元素
　/*使用数组名和下标输出数组中第 3 个元素的成员值*/
　cout<<"b[2].partnumber="<<b[2].partnumber<<","
　　　<<"b[2].partname="<<b[2].partname<<endl;
【代码 8】：　　　　　　　　//用数组的起始地址为指针 ptr 赋值
　/*使用指针输出数组中第 3 个元素的成员值*/
　cout<<"(ptr+2)->partnumber="<<(ptr+2)->partnumber<<","
　　　<<"(ptr+2)->partname="<<(ptr+2)->partname<<endl;
　return 0;
}

（3）任务小结或知识扩展

不能将一个结构体变量作为一个整体输出，只能分别输出结构体变量中的数据成员。

（4）代码模板的参考答案

【代码 1】：struct Part
【代码 2】：char partname[20];
【代码 3】：Part a;
【代码 4】：Part b[3];
【代码 5】：Part * ptr;
【代码 6】：cin>>a.partname;
【代码 7】：b[2]=a;
【代码 8】：ptr=b;

实践环节

设计一个结构体 RMB，其中的数据成员分别是 yuan、jiao 和 fen。

2.8　引用类型

核心知识

引用是为一个已经存在的变量取的别名，并由该变量来决定引用的数据类型。

- 引用由类型标识符和一个取地址符来定义。在定义的时候必须被初始化。

```
int  x=2012;
int  & refx=x;          //refx是变量 x 的一个别名
int  * iptr=&x;         //定义一个 int 类型的指针
int  * &ptrx=iptr;      //ptrx是 int 类型指针 iptr 的别名
```

要注意的是，初始化引用时，不能使用变量的地址，也不要在声明时初始化引用变量。

```
int &refx=&x;           //错误
```

- 引用一旦被定义，它就只能和一个变量相关联，不能指向其他对象。所有在引用上施加的操作，实质上就是在被关联的变量上的操作。

```
int  y1=2050,y2=0x435;
```

```
int  &refy=y1;              //为变量 y1 建立引用
cout<<refy<<endl;          //将输出 y1 的值
refy=y2;                   //将 y2 的值赋给引用,即 y1 的值为 0x 0435
```

能力目标

能够创建和处理引用。

掌握引用作为参数的方法。

体会引用和指针的异同之处。

任务驱动

任务一

(1) 任务的主要内容

编写程序,声明 int 类型和 double 类型的引用,通过输出观察引用与变量的关系。

- 声明 int 类型和 double 类型的变量,并为它们赋初始值;
- 声明 int 类型的引用 i_ref,声明 int 类型引用 i_ref,用 i 为其初始化;
- 输出 i 的值和地址;
- 输出 ref 的值和地址;
- 声明 double 类型引用 d_ref,用 d 为其初始化;
- 输出 d 和 d_ref 的值;
- 为 d_ref 关联的变量重新赋值。

(2) 任务的代码

根据"任务内容"的提示完成下面的程序,程序的运行结果如下:

```
i=98;&i=0x0012FF7C
i_ref=98;&i_ref=0x0012FF7C
d=8.765;d_ref=8.765
d=1.2345;d_ref=1.2345
```

```
#include <iostream.h>
int main()
{
    int  i=98;          //声明 int 类型变量 i,初始值为 98
    double d=8.765;     //声明 double 类型变量 d,初始值为 8.765
    【代码 1】:          //声明 int 类型引用 i_ref,用 i 为其初始化
    【代码 2】:          //输出 i 的值和地址
    【代码 3】:          //输出 ref 的值和地址
    【代码 4】:          //声明 double 类型引用 d_ref,用 d 为其初始化
    cout<< "d="<<d<<";"<< "d_ref="<<d_ref<<endl;//输出 d 和 d_ref 的值
    【代码 5】:          //为 d_ref 关联的变量重新赋值
    cout<< "d="<<d<<";"<< "d_ref="<<d_ref<<endl;//输出 d 和 d_ref 的值
    return 0;
}
```

(3) 任务小结或知识扩展

- 引用声明完毕,相当于目标变量有两个名称:原名和引用名,并且引用名不能作为

其他变量的别名。

- 声明引用不是重新定义变量,它不占内存空间,对求引用的地址就是取目标变量的地址。

（4）代码模板的参考答案

【代码 1】: int &i_ref=i;
【代码 2】: cout<<"i="<<i<<";"<<"&i="<<&i<<endl;
【代码 3】: cout<<"i_ref="<<i_ref<<";"<<"&i_ref="<<&i_ref<<endl;
【代码 4】: double &d_ref=d;
【代码 5】: d_ref=1.2345;

任务二

（1）任务的主要内容

编写一个程序,提示用户输入一个数,分别调用子函数 squareByValue(double) 和 squareByReference(double &)求该数的平方值,并在主函数中显示调用前后的实参值的变化。

（2）任务的代码

```
#include <iostream.h>
double fn(double d)
{       return d*d;       }
void gn(double &dref)
{       dref=dref*dref;     }
int main()
{
    double d=64.175;
    cout<<"函数 fn 执行前 dval 的值为: "<<d<<endl
        <<"d+d="<<fn(d)<<endl
        <<"函数 fn 执行后 d 的值为: "<<d<<endl;
    cout<<"==============我是华丽的分隔线============== "<<endl;
    cout<<"函数 gn 执行前 d 的值为: "<<d<<endl;
    gn(d);
    cout<<"函数 gn 执行后 d 的值为: "<<d<<endl;
    return 0;
}
```

程序运行结果如下:

（3）任务小结或知识扩展

- 函数调用时,实参按值传递给形参时,只是将值拷贝给形参,实参与形参占用各自独立的内存单元,修改形参不会影响主调函数中实参的值。其缺点是传递很大的数据时,可能在将实参值拷贝到形参上时耗费较多的时间。

- 利用引用传递参数,引用作为对应实参的别名,使子函数直接访问主调函数中的数据,并且可以修改它,从而避免大型数据拷贝的成本。

实践环节

编写一个程序,在 main()函数中定义变量 count 乘以 3。具体要求如下:

- 声明 int 类型的变量 count;
- 使用键盘输入为 count 赋值;
- 为 count 建立一个引用 ref;
- 输出 count 和 ref 的内存地址;
- 使用 ref 改变 count 的值;
- 输出 ref 和 count 的值。

2.9 const 修饰符

核心知识

- 使用 const 修饰变量,声明时必须给出初始化值,并且该变量的值不能被修改。

```
const int bufsize=512;    //将 bufsize 声明为常量
const float PI=3.14;
const double A[3]={1.0,2.355,8.999999};
bufsize=128;              //错误
```

- 指向 const 型变量的指针。其一般定义格式如下:

```
const 数据类型 * 指针标示符
```

例如:const int * q; q 被声明为指向 const 类型的变量,意味着无论指针 q 是普通变量地址,还是 const 类型变量地址,程序无法通过 q 改变变量的值。

```
int  bufsize=512;
const int * p=&bufsize; //指针 p 保存变量 bufsize 的地址
cout<< * p<<endl;        //p 指向内存地址的值为 512
 * p=12;                 //错误,不能通过 p 修改 bufsize 的值
bufsize=1024;            //正确
cout<< * p<<endl;        //p 指向内存地址的值为 1024
```

能力目标

能够定义和使用 const 型变量、指向 const 型变量的指针,并能应用到具体的函数上。

任务驱动

(1) 任务的主要内容

编写一个程序,计算给定的一个字符数组的字符数。具体要求如下:

- 声明 const 修饰的 int 型变量 number;
- 测试语句 number++ 是否正确,思考为什么;

- 声明 const 修饰的 char 型数组 str,str 使用字符串常量"hello C++ "赋值;
- 声明 const 修饰的 char 类型的指针 s,s 指向字符数组 str;
- 测试语句 str="I love C++ ";是否正确,思考为什么;
- 用字符串常量"I love C++ "给指针 s 赋值,程序无法通过 s 修改 str 的值,但是可以为 s 重新赋值;
- 修改 s 的值,使它指向下一个字符。

(2) 任务的代码

根据"任务内容"的提示完成下面的程序,程序的运行结果如下:

```
2012
的字符数为：.10
```

```
#include <iostream.h>
int main()
{
    【代码1】:       //声明 const 修饰的 int 型变量 number
    int n;
    cout<<number<<endl;
    number++;    //错误,const 修饰的变量的值不能修改
    【代码2】:       //声明 const 修饰的 char 型数组 str
    //str 使用字符串常量"hello C++"赋值
    【代码3】:       //声明 const 修饰的 char 类型的指针 s,s 指向字符数组 str
    str="I love C++";      //错误,const 修饰的 str 的值不能修改
    【代码4】:       //用字符串常量"I love C++"给指针 s 赋值
    for(n=0; * s!='\0';)
    {
        ++n;
        【代码5】://修改 s 的值,使它指向下一个字符
    }
    cout<<s<<"的字符数为: "<<n<<endl;
    return 0;
}
```

(3) 任务小结或知识扩展

- 使用限定符 const 告知编译器,不应该修改特定变量的值。
- 函数调用时要求被传递的值不发生变化,就将其声明为 const 类型。

(4) 代码模板的参考答案

【代码1】: const int number=2012
【代码2】: const char str[]="hello C++";
【代码3】: const char * s=str;
【代码4】: s="I love C++";
【代码5】: s++;

实践环节

阅读下列代码,体会指向常量指针的作用。下图为运行结果。

```
hello
C++
helloC++
```

```
#include <iostream.h>
void mystery(char * ,const char * );
int main()
{
    char str1[]="hello",str2[]="C++";
    cout<<str1<<endl
        <<str2<<endl;
    mystery(str1,str2);
    cout<<str1<<endl;
    return 0;
}
void mystery(char * s1,const char * s2)
{
    while( * s1!='\0')
        ++s1;
    for(; * s1= * s2;s1++,s2++)
        ;                       //空语句,不可缺少
}
```

2.10 字 符 数 组

核心知识

字符数组的初始化方法通常有两种：逐个字符赋给数组中各个元素；使用字符串常量赋值。使用字符串常量赋值时,会自动加上'\0'作为结束符。

```
char str1[]={'I',' ','a','m',' ','h','a','p','p','y'};
char str2[]="I am happy";
cout<<sizeof(str1)<<endl        //输出 10
    <<sizeof(str2)<<endl;       //输出 11
```

字符数组和字符型指针都能实现字符串的存储和运算,二者的区别在于：字符数组中每个元素存储的是字符,指针存储的是地址。

能力目标

能够声明字符数组。

掌握字符数组赋值方法。

能够使用字符指针访问字符数组。

任务驱动

任务一

（1）任务的主要内容

编写一个程序,使用指针对字符数组中某些元素进行修改。具体要求如下：

- 使用 char 类型数组 str, 使用"I love C++"赋值;
- 声明指针 pc, 指向数组 str;
- 输出字符串 str;
- 输出字符指针 pc 指向的字符串;
- 为字符数组下标为 0 的元素赋值'Y';
- 使用数组名和偏移量访问下标为 1 的元素并赋值'o';
- 使用指针和偏移量访问下标为 2 的元素并赋值'u'。

(2) 任务的代码

根据"任务内容"的提示完成下面的程序, 程序的运行结果如下:

```
str=I   love C++
pc=I   love C++
str=You love C++
pc=You love C++
```

```cpp
#include <iostream.h>
int main()
{
    【代码1】:            //使用 char 类型数组 str,使用"I love C++"赋值
    【代码2】:            //声明指针 pc,指向数组 str
    【代码3】:            //输出字符串 str
    cout<< "pc="<<pc<<endl;        //输出字符指针 pc 指向的字符串
    【代码4】:            //为字符数组下标为 0 的元素赋值'Y'
    【代码5】:            //使用数组名和偏移量访问下标为 1 的元素并赋值'o'
    * (pc+2)='u';    //使用指针和偏移量访问下标为 2 的元素并赋值'u'
    cout<< "str="<<str<<endl
        << "pc="<<pc<<endl;
    return 0;
}
```

(3) 任务小结或知识扩展

字符数组和字符型指针都能实现字符串的存储和运算, 二者的区别在于: 字符数组中每个元素存储的是字符, 字符指针存储的是地址。

(4) 代码模板的参考答案

【代码1】: char str[20]="I love C++";
【代码2】: char * pc=str;
【代码3】: cout<< "str="<<str<<endl;
【代码4】: str[0]='Y';
【代码5】: * (str+1)='o';

任务二

(1) 任务的主要内容

编写一个程序, 调用两个函数分别使用字符指针和字符数组给字符数组赋值。

(2) 任务的代码

```cpp
#include <iostream.h>
```

```
void copy1(char * ,const char * );
void copy2(char * ,const char * );
int main()
{
    char str1[50], * str2="我想编写一个 C++小游戏",
        str3[50],str4[]="然后测试该游戏";
    copy1(str1,str2);
    cout<<str1<<endl;
    copy2(str3,str4);
    cout<<str3<<endl;
    return 0;
}
void copy1(char * s1,const char * s2)
{
    for(; ( * s1= * s2)!='\0';s1++,s2++)
        ;                       //空语句,不可缺少
}
void copy2(char * s1,const char * s2)
{
    for(int i=0;(s1[i]=s2[i])!='\0';i++)
        ;                       //空语句,不可缺少
}
```

程序运行结果如下:

(3) 任务小结或知识扩展

声明字符数组包含字符串时,数组要足够大,以存储字符串和'\0'。

实践环节

说明下面代码的功能。

```
#include <iostream.h>
int mystery(const char * ,const char * );
int main()
{
    char str1[]="abcdc", str2[]="abcdc";
    if(mystery(str1,str2))
        cout<<"str1 equal str2"<<endl;
    else
        cout<<"str1 not equal str2"<<endl;
    return 0;
}
int mystery(const char * s1,const char * s2)
{
    for(; ( * s1!='\0')&&( * s2!='\0'!='\0');s1++,s2++)
        if( * s1!= * s2)
```

```
        return 0;
    return 1;
}
```

2.11　string 类型之一

核心知识

　　字符串是作为一个整体进行处理的一系列字符,其中可以包含字符、数字和不同的特殊符号,例如＋、—、♯、@等。C++ 中有两种字符串。一种沿用 C 语言的方式,将字符串存储在一个字符数组中,该数组最后一个字节是 ASCII 码的 0,通常使用一个 const char ＊类型的指针来操纵;另一种是 C++ 引用的 string 类型。在 C++ 中建议使用 string 类。

- 如果要使用 string 类型,必须包含头文件＜string＞。如果引用的是＜string.h＞,表示用户使用 C 标准库的头文件。也就是说＜string＞和＜string.h＞各自包含 C++ 语言和 C 语言的字符串类型相关操作函数的说明。

```
#include  <string>
using namespace std;
```

- 字符串的初始化主要有三种方式。

```
string     str1="你好";          //将 C 风格的字符串常量直接赋值给 str1
string     str2("tom&Jerry");   //字符串常量作为参数传递给 string 类的构造函数
string     str3;                //str3 是一个空字符串
string     str4(str2);          //使用 str2 初始化 str4
```

能力目标

　　熟练掌握 C++ 中两种字符串的声明和定义方式,能够给字符串变量赋值。

任务驱动

任务一

（1）任务的主要内容
编写一段代码,练习 string 类型变量的赋值方式。

（2）任务的代码

```
#include <iostream>
#include <string>
using namespace std;
int main()
{
    string str="圆圆是只小胖狗";
    char ch[]="生于 02.14";
    char * pc="体重 1.98 公斤";
    cout<<str<<endl
```

```
        <<ch<<endl
        <<pc<<endl;
    str=ch;                          //字符数组可以给 string 变量赋值
    cout<<"赋值后："<<str<<endl;
    str=pc;                          //字符型指针可以给 string 变量赋值
    cout<<"赋值后："<<str<<endl;
    return 0;
}
```

程序运行结果如下：

```
圆圆是只小胖狗
生于02.14
体重1.98公斤
赋值后:生于02.14
赋值后:体重1.98公斤
```

（3）任务小结或知识扩展

string 类的构造函数主要有以下几种。

string (const char *)；将 string 类变量初始化为 s 指向的传统 C 字符串（C 字符串以 '/0 结束）。

string(const char * s, size_type n)；将 string 类变量初始化为 s 指向的传统 C 字符串的前 n 个字符。

string(size_type n,char c)；创建一个包含 n 个元素的 string 类变量,每个对象都被初始化为字符 c。

string()；创建一个默认的 string 类变量,长度为 0。

任务二

（1）任务的主要内容

编写一段代码,使用 sring 类型声明变量。使用系统提供的函数测试 string 串的长度。

（2）任务的代码

```
#include <iostream.h>
#include <string>
using namespace std;
int main()
{
    string str1="悟空";
    string str2=str1+",人称齐天大圣";
    cout<<"str1.size()="<<str1.size()<<endl
        <<"str2.size()="<<str2.size()<<endl;
    return 0;
}
```

程序运行结果如下：

```
str1.size()=4
str2.size()=17
```

（3）任务小结或知识扩展

- string 重载了很多运算符，包括＋、－、＜、＝、＋＝、[]等。其中"＋"表示将两个字符串变量进行连接，形成一个新的字符串。
- string 类中的函数 size 能够返回该类对象的字符数。
- string 类型支持下标访问单个字符。

```
for(int i=0;i<str2.size();i++)
        cout<<str2[i];
```

得到的就是'T','o','m','&','J','e','r','r','y'。

任务三

（1）任务的主要内容

编写一段代码，测试 string 类型的输入和输出。

（2）任务的代码

```
#include <iostream>
#include <string>
using namespace std;
int main()
{
    cout<<"请输入蜜蜂的英文单词"<<endl;
    string s;
    int count=0;
    do{
        if(s=="bee")
        {
            cout<<"您输入正确,程序结束!"<<endl;
            break;          //跳出循环体
        }
        cin>>s;
    }while(1);
    return 0;
}
```

程序运行结果如下：

（3）任务小结或知识扩展

可以使用函数 cin 和 getline 对 string 类型变量进行输入，不能使用 get 函数。

实践环节

编写一个程序，它读取若干个字符串，仅打印那些以字符'a'开始的字符串。

2.12　string 类型之二

核心知识

string 类型提供很多成员函数,常用的有以下几种。

(1) size_type find (const string & str,size_type pos＝0)const;

功能：从当前字符串中位置 pos 开始查找子字符串 str。如果查找成功,返回 str 首次出现的位置;否则返回 string∷npos。

(2) at(size_type n);

功能：访问当前 string 对象的某个单一字符。

(3) string substr(size_type pos＝0,size_type n＝pos)const;

功能：返回当前字符串的从位置 pos 开始的 n 个字符组成的子字符串。

(4) int compare(const string & str)const;

功能：比较当前字符串和字符串 str。如果当前字符串与 str 相等,返回 0;如果当前串大于 str,返回正数,否则返回零。

(5) int compare(size_type pos1,size_type n1,const string & str)const;

功能：将当前字符串从位置 pos1 开始的 n1 个字符,与字符串 str 比较。如果当前字符串与 str 相等,返回 0;如果当前串大于 str,返回正数,否则返回零。

(6) string & append(const string & str);

功能：将字符串 str 的内容追加到当前字符串末尾。

(7) string & insert(size_type pos1,const string & str);

功能：将字符串 str 插入到当前字符串 pos1 位置之前。

(8) string & replace(size_type pos1,size_type n1,const string & str);

功能：将 string 类型的字符串从位置 pos1 开始的 n1 个字符替换成 str。

(9) size_type copy(char ∗ s,size_type n,size_type pos＝0)const;

功能：将当前 string 类型字符串中从位置 pos 开始的地方复制 n 个字符到指定的字符数组 s 中。

(10) length()和 size()的功能相同,返回当前 string 字符串中字符的个数。

能力目标

定义 string 类型变量,掌握 string 类型提供的常用函数。

任务驱动

任务一

（1）任务的主要内容

编写一段代码,使用 string 类型变量测试字符串＋、find()、substr()和 replace()的用法。

（2）任务的代码

```cpp
#include <iostream>
#include <string>
using namespace std;
int main()
{
    char ch[50]="怎么选择：";
    string str="茶还是咖啡?是个问题";
    str=ch+str;                        //string重载了+运算符，用于字符串连接
    cout<<str<<endl;
    cout<<"在字符串 str 中分号的位置："<<str.find(': ')<<endl;
    cout<<"字符串 s 在 str 中的位置："<<str.find_first_of("还是咖啡?")<<endl;
    string substring=str.substr(11,9);
    cout<<substring<<endl;
    string s=str.replace(8,1,"");
    cout<<s<<endl;
    s=str.replace(10,10,"");
    cout<<s<<endl;
    return 0;
}
```

程序运行结果如下：

```
怎么选择:茶还是咖啡?，是个问题
在字符串str中分号的位置:8
字符串s在str中的位置：11
还是咖啡
怎么选择茶还是咖啡?,是个问题
怎么选择茶是个问题
```

（3）任务小结或知识扩展

• size_type find(char c,size_type pos ＝ 0) const;

功能：从当前字符串的 pos 开始查找字符 c 在当前字符串的位置。默认位置是第一个元素。成功则返回其位置，失败则返回 string::npos。

• size_type find_first_of(const char ∗ s,size_type pos ＝ 0) const;

功能：从当前字符串的 pos 开始逐个字符查找，发现该字符在 C-串 s 出现则返回其位置（当前串从 pos 开始第一个在 C-串 s 中出现的字符的位置）。默认位置是第一个元素。成功则返回其位置，失败则返回 string::npos。

任务二

（1）任务的主要内容

编写一段代码，比较 char 类型数组与 string 类型变量在操作上的不同。

（2）任务的代码

```cpp
#include <iostream>
#include <string>
using namespace std;
int main()
```

```
{
    string str;
    char ch[]="abccba";
    cout<<"请输入猫的英文单词："<<endl;
    cin>>str;
    if(str=="cat")           //char型字符串不能直接进行比较，string类型变量则可以
        cout<<str<<"的第一个单词是"<<str[0]<<endl;
    else
        cout<<"输入错误，进行下一步"<<endl;
    string str2=str;         //string类型变量可以直接赋值
    char ch1[20];
    ch1=ch;                  //错误，数组不能直接赋值
    strcpy(ch1,ch);          //可以使用函数将字符依次复制
    str="string类的"+str;    //string类型可以使用+进行字符串连接
    strcat(ch1,ch);
    cout<<"str="<<str<<endl
        <<"字符数组 ch1 的内容是"<<ch1<<endl;
    return 0;
}
```

程序运行结果如下：

```
请输入猫的英文单词：
cat
cat的第一个单词是c
str=string类的cat
字符数组ch1的内容是abccbaabccba
```

（3）任务小结或知识扩展

函数 strcat 的作用就是将第 2 个字符串合并到第 1 个字符串中。因此，第 1 个字符串必须保证能够容纳下两个字符串的长度。

实践环节

阅读并运行下面代码，查看其中函数 strtok 的作用。

```
#include <iostream>
#include <string>
using namespace std;
int main()
{
    char str[50];
    char seps[]=", \n", * token;
    cout<<"请输入字符串，单词之间使用空格分隔。回车表示输入结束！"<<endl;
    cin>>str;    //这样的赋值可能出现问题
    cin.getline(str,50);
    token=strtok(str,seps);
    while(token!=NULL)
    {
        cout<<token<<endl;
        token=strtok(NULL,seps);//下次分离字符串
    }
```

```
    return 0;
}
```

本 章 小 结

- C++ 中所有的变量在使用前必须声明。
- 存储在内存的变量都有变量名、数据类型和存储长度（占用的内存字节数）。
- C++ 中的变量名可以是任意的有效标识符。标识符由一系列字符组成，其中可以包含数字、字母和下画线，但不能以数组开头。
- 定义变量。

  为每个变量确定数据类型，例如整型或者浮点型。

  使用合法的标识符作变量名。
- C++ 严格区分大小写。
- 包含小数部分的数值称为浮点数。常见的浮点数类型有 float 和 double。
- 从键盘获得输入使用输入流对象 cin 和流提取符＞＞。
- C++ 中使用 const 创建常量一般有两个步骤：在变量声明时使用关键字 const 修改；同时为该常量赋一个值。
- 枚举类型使用关键字 enum 定义一组使用标识符表述的整数。
- 枚举类型中每个标识符是唯一的，但其代表的整数值可以相同。
- C++ 使用数组保存同种类型的一系列值。从内存看，数组名代表数组的起始地址，数组中各个元素可以使用它在数组中的相对位置（下标，从 0 开始）访问。
- 数组中的下标的最大值是数组大小减 1。
- 数组的声明格式为：

  数组类型 数组名[数组大小]；

  其中数组名是对数组的引用，数组类型是数组中元素的数据类型，数组大小一般是整型值或者整型表达式。
- 声明一个数组并用表达式对它初始化：

  数组类型 数组名[ ]= {数组初始化列表}；

  其中数组初始化列表是用逗号分隔的常量列表，用来初始化数组元素的值。
- 字符数组默认地以'\0'结束。
- 指针变量的值是内存地址。
- 指针的值可以是 0、NULL 或同类型的变量的地址。
- 运算符"&"能够得到其后变量的内存地址。
- 当指针指向某个数组时，可以使用自增运算符＋＋或－－。由此带来的结果是指针向后或向前移动一个元素。
- 结构体使用关键字 struct 指定一个新的数据类型。该类型中的成员是各种类型的数据。

习　题　2

1. 将下面错误标识符找出来：_under_bar_　m123　2h　c　　thisvariable　number。

2. 指针是一个变量，它的值是另一变量的_____。

3. 可以使用 3 个值初始化指针，分别是_____、_____和_____。

4. 可以给指针赋值的唯一整数是_____。

5. _____运算符返回操作数的内存地址。

6. _____运算符返回指针指向的变量的值。

7. 对于下面的每个操作，编写相应的语句完成指定的任务。

- 声明单精度的数组 numbers，它有 10 个元素，所有元素的初始值为 0.0。
- 声明指向数组 numbers 的指针变量 nptr。
- 编写两个不同的语句将数组 numbers 的起始地址赋给 nptr。
- 使用数组名和偏移量打印数组 numbers 的所有元素。
- 使用指针和偏移量打印数组 numbers 的所有元素。
- 使用指针和偏移量打印数组 numbers 的所有元素的地址。
- 使用四种方法输出数组中第 7 个元素的值。
- 当 nptr 指向数组 numbers 的起始地址时，输出 nptr＋8 和 numbers[8]的值。
- 当 nptr 指向数组 numbers[5]时，nptr＝nptr－4；输出 nptr 指向元素的值。

8. 编写程序，main()函数提示用户输入数值初始化变量，然后调用子函数返回其中较大者。其子函数头分别是：double max1(int i_ref,double d_ref)和 double max2(int &i_ref,double &d_ref)。具体要求如下：

- 在 main()函数中声明 int 类型 i 和 double 类型的变量 d；
- 在 main()函数中提示用户输入数值初始化这两个变量；
- 在 main()函数中输出变量 i 和 d 的内存地址；
- 在 main()函数中调用函数 max1；
- 在 main()函数中输出 max1 的返回值；
- 在 main()函数中调用函数 max2；
- 在 main()函数中输出 max2 的返回值。

提示：函数 max1()和 max2()的函数体内容都是

```
double max1(int i_ref,double d_ref) //或者 double max2(int &i_ref,double &d_ref)
{
    cout<<&i_ref<<endl
        <<&d_ref<<endl;
    return (i_ref>d_ref?i_ref:d_ref);
}
```

9. 编写程序段，实现下面每句话的要求。

- 定义常量 size，它的初始值是 10；
- 声明具有 size 个 double 型元素的数组 arr，并将所有的元素初始为 0.0；

- 将数组 arr 中第 4 个元素重新赋值为 12；
- 输出数组中第 5 个、第 6 个元素的内存地址；
- 声明一个 double 类型的指针 ptr；
- ptr 指向数组中第 7 个元素；
- 输出 ptr 和 * ptr。

10. 定义两个 double 类型的数组 a[10] 和 b[20]，使用键盘输入给数组 a 赋值，然后用数组 a 给数组 b 赋值。

11. 定义下面的结构体。

- 定义一个结构体 inventory，它的数据成员包括：字符数组 name[20]，整数 number，单精度类型的 price 和整数 stock；
- 定义一个结构体 Address，它的数据成员包括：字符型数组 Address[30] 和 City[20]，以及一个整型数组 ZipCode[6]。

12. 按照下面的要求编写一个程序，将用户输入的摄氏温度（celsius）转换为华氏温度（fahrenheit）并显示。转换公式：fahrenheit＝9.0/5.0 * celsius＋32。

- 声明 double 类型的变量 fahrenheit 和 celsius；
- 提示用户输入数值为变量 celsius 赋值；
- 根据公式计算 fahrenheit；
- 输出"转换为华氏温度："，后面输出 fahrenheit 的值。

第 3 章

表达式与语句

　　程序是一些按次序执行的语句,其中大部分语句由表达式组成。表达式常由变量、常量、函数调用和运算符组成,并且有一个返回值。通常情况下,根据运算符的不同,C++将表达式分为算术表达式、关系与逻辑表达式、赋值表达式、增量表达式、条件表达式和逗号表达式等。

　　根据语句的作用,C++的基本编程语句可分为:表达式语句、说明语句和过程控制语句。其中过程控制语句又分为条件语句、循环语句和转移语句;根据语句的结构可分为:简单语句和复合语句。其中简单语句一般以分号结束,顺序执行。复合语句是由一对花括号括起来的简单语句序列,它以语句出现的次序依次执行,自身是一个独立单元,可以出现在任何简单语句出现的地方。

3.1　算术运算符

核心知识

- C++语言有两个单目和五个双目算数运算符,分别为"＋"(单目正)、"－"(单目负)、"＊"(乘法)、"/"(整除)、"％"(取余)、"＋"(加法)、"－"(减法)。其中,单目操作符的优先级别最高,乘法、整除、取余的优先级别比加法、减法的优先级别高。

```
int x=13,y=3,z;
z=x/y;     //z 的值为 4
z=x%y;     // z 的值为 1
```

- 自增++和自减都是增量运算符。增量运算符可以放在变量前面(称为前缀)或者放在变量后面(称为后缀)。如果采用前缀方式,那么变量先递增或递减 1,然后使用;如果是后缀,变量先参与运算,再递增或递减 1。

```
int a=8,b=275,c;
c=a++;     //c 的值为 8,a 的值为 9
c=++b;     //c 的值为 276,b 的值为 276
```

能力目标

　　熟练使用算术运算符。

　　掌握赋值语句和复合赋值语句。

理解增量运算符的使用方法。

任务驱动

任务一

（1）任务的主要内容

编写一段代码，对两个变量进行算术运算测试。具体要求如下：

- 声明 float 类型的变量 a，初始值为 5.5；
- 声明 int 类型的变量 b，初始值为 2；
- 分别对变量 a 和 b 进行乘、整除和取余等算术运算测试；
- 声明 int 类型的变量 c，使用变量 b 为其赋值；
- 使用复合赋值语句，将 c * b 的结果赋给 c。

（2）任务的代码

```
#include <iostream.h>
int main()
{
    float a=5.5;
    int b=2;
    //进行算术运算测试
    cout<<"-a="<<(-a)<<endl              //单目负
        <<"a * b="<<a * b<<endl          //乘法
        <<"a/b="<<a/b<<endl              //整除运算
        <<"(int)a%b="<<(int)a%b<<endl;   //必须将 a 强制类型转换为 int
    int c=b;
    c * = b;                             //复合赋值语句,相当于 c=c * b;
    cout<<"c="<<c<<endl;
    return 0;
}
```

程序运行结果如下：

```
-a=-5.5
a*b=11
a/b=2.75
(int)a%b=1
c=4
```

（3）任务小结或知识扩展

- 算术运算符中的"％"只能应用在整数类型（char、int、short、long）中。
- 使用赋值运算符"＝"的规则是，右边表达式的类型必须和左边的被赋值变量类型相符。

```
char   c='x';    //正确
int   * p=1234;   //错误,左值要求得到一个内存地址,右值给了一个整型常量
```

常见的复合赋值运算符有＋＝、－＝、＊＝、/＝、％＝、＜＜＝（左移赋值）、＞＞＝（右移赋值）等。

```
int x=876,y=123;
y+=x;                        //等价于 y=y+x;值为 999
```

任务二

（1）任务的主要内容

编写一段代码，对变量进行增量运算测试。具体要求如下：

- 声明 char 类型的变量 a 和 b，初始值均为'B'；
- 声明 double 类型的变量 x 和 y，x 的初始值为 7.5；
- 分别对变量 a 和 b 进行前缀和后缀式的自增运算测试；
- 使用表达式（++x）+2 为变量 y 赋值；
- 将变量 a 与 b 恢复为初始值状态；
- 分别对变量 a 和 b 进行前缀和后缀式的自减运算测试。

（2）任务的代码

```
#include <iostream.h>
int main()
{
    char a='B',b='B';
    double x=7.5,y;
    //测试自增量
    cout<<"(++a)="<<++a<<endl          //前缀方式
        <<"(b++)="<<b++<<endl;         //后缀方式
    y=(++x)+2;
    cout<<"y="<<y<<endl;
    //测试自减量
    a=b='B';
    cout<<"(--a)="<<--a<<endl          //前缀方式
        <<"(b--)="<<b--<<endl;         //后缀方式
    return 0;
}
```

程序运行结果如下：

实践环节

仔细阅读下面的代码，看看它将输出哪种图形。

```
#include <iostream.h>
int main()
{
    int row=10,colum;
    char c;
    while(row>=1)
```

```
    {
        colum=1;
        while(colum<=10)
        {
            c=(row%2)?'<':'>';
            cout<<c;
            ++colum;
        }
        --row;
        cout<<endl;
    }
    return 0;
}
```

3.2 关系和逻辑运算符

核心知识

关系和逻辑运算符中逻辑运算符为:"!"(逻辑非)、"&&"(逻辑与)、"||"(逻辑或);关系运算符包含"<"、"<="、">"、">="、"=="和"!="。这些运算符的运算结果是布尔常量 true 或 false。如果使用整数来标记这两种布尔状态,则分别是 1(true)、0(false)。

能力目标

掌握逻辑运算符与、或、非的计算过程。
掌握关系运算符的运算结果。

任务驱动

(1) 任务的主要内容

编写一段代码,测试关系与逻辑运算符。具体要求如下:

- 声明 int 类型变量 a 和 b,同时初始化为 a=78,b=1;
- 使用变量 a 和 b 测试关系运算>、<、==和!=,并输出相应表达式的布尔值;
- 使用表达式描述"a>b 并且 a 是 b 的整数倍",并输出结果;
- 使用表达式描述"a 和 b 之中是否存在奇数",并输出结果。

(2) 任务的代码

```
#include <iostream.h>
int main()
{
    int a=78;
    int b=1;
    cout<<"(a>b)="<<(a>b)<<endl
        <<"(a<b)="<<(a<b)<<endl
        <<"(a==b)="<<(a==b)<<endl
        <<"(a!=b)="<<(a!=b)<<endl;
```

```
bool t=(a>b)&&(a%2==0);
cout<<"表达式(a>b)&&(a%b==0)的布尔值是"<<t<<endl;
t=(a%2!=0)||(b%2!=0);
cout<<"表达式(a%2!=0)||(b%2!=0)的布尔值是"<<t<<endl;
return 0;
}
```

程序运行结果如下：

```
(a>b)=1
(a<b)=0
(a==b)=0
(a!=b)=1
表达式(a>b)&&(a%b==0)的布尔值是1
表达式(a%2!=0)||(b%2!=0)的布尔值是1
```

（3）任务小结或知识扩展

逻辑运算符可以将关系运算表达式合并成更复杂的表达式，其结果依旧是布尔类型，这样的表达式经常用于条件判断。例如，使用上例中 bool 变量 t。

```
t=(a%2!=0)||(b%2!=0);
if(t==true)          //如果 t 的值为 true,则执行下面语句
    cout<<"a、b 之中至少存在一个奇数!"<<endl;
```

实践环节

根据下面的要求，编写语句。

- 声明 int 类型的变量 score,代表要处理的成绩；
- 声明 bool 变量 t；
- t 表示 score 的值小于 0 或大于 100；
- t 表示 score 的值大于等于 90 并且小于等于 100；
- t 表示 score 的值大于等于 80 并且小于 90；
- t 表示 score 的值大于等于 60 并且小于 80。

3.3 位 运 算

核心知识

- 位运算允许在一个数中处理其中个别的位，由于浮点数在内存中格式比较特殊，所以位运算只适用 char、int 和 long。它有基本的四种操作符：&（与）、|（或）、^（异或）和 ~（非）。位运算可以和赋值运算符"="结合进行运算和赋值，例如：!=，|=。

  位运算中的与运算符"&"，两个输入数位都为 1 时，结果位是 1；否则为 0。

  位运算中的或运算符"|"，两个输入数位都为 0 时，结果位是 0；否则为 1。

  位运算中的异或运算符"^"，两个输入数位仅有一个为 1,结果位是 1；否则为 0。

  位运算中的非运算符"~"，又称为补运算，它只带一个参数。

- 移位运算也是对位的操作。左移运算符"<<"表示将操作数向左移位；右移运算符

"＞＞"表示将操作数向右移位。移位运算符也可以和赋值运算符结合,例如
＜＜＝。

能力目标

掌握位运算符和移位运算符的使用方法。

任务驱动

（1）任务的主要内容

编写一段代码,测试位运算符和移位运算符。具体要求如下:

- 分别声明 int 类型的变量 a、b、c 和 d,其初始值分别是 1、0、2 和 4;
- 对 a 和 b 进行按位"与"、"或"、"异或"运算;
- 对变量 b 进行"取反"运算;
- 对 c 和 d 进行按位"与"、"或"、"异或"运算;
- 对变量 c 进行"取反"运算;
- 对 c 和 d 进行按位"左移"、"右移"运算。

（2）任务的代码

```cpp
#include <iostream.h>
int main()
{
    int a=1,b=0;
    int c=2,d=4;
    cout<<"(a&b)="<< (a&b)<<endl        //按位与运算
        <<"(a|b)="<< (a|b)<<endl        //按位或运算
        <<"(a^b)="<< (a^b)<<endl;       //按位异或运算
    cout<<"(~ b)="<< (~b)<<endl;        //按位取反运算
    cout<<"(c&d)="<< (c&d)<<endl        //按位与运算
        <<"(c|d)="<< (c|d)<<endl        //按位或运算
        <<"(c^d)="<< (c^d)<<endl        //按位异或运算
        <<"(~ c)="<< (~c)<<endl;        //按位取反运算
    cout<<"(c<<d)="<< (c<<d)<<endl       //左移运算
        <<"(d<<c)="<< (d<<c)<<endl;      //右移运算
    return 0;
}
```

程序运行结果如下:

```
(a&b)=0
(a|b)=1
(a^b)=1
(~b)=-1
(c&d)=0
(c|d)=6
(c^d)=6
(~c)=-3
(c<<d)=32
(d<<c)=16
```

（3）任务小结或知识扩展

移位运算符的左操作数是无符号数时,进行右移,最高位补零;操作数是带符号数时,进

行右移运算,其值可能不确定。移位运算符有可能造成数据丢失。

实践环节

编写一个程序,函数 main()将键盘输入的无符号整数赋值给变量 x,以 x 为实参调用子函数 displayBits(),该函数能够将十进制数转换为二进制,并以每组四位的方式输出。请体会代码中移位运算的作用。运行结果如下:

```
输入一个正整数,初始化变量x
15
x的二进制数为: 0000  0000  0000  1111
```

```cpp
#include <iostream.h>
void displayBits(unsigned long);
int main()
{
    unsigned long x;
    cout<< "输入一个正整数,初始化变量 x"<<endl;
    cin>>x;
    cout<< "x 的二进制数为: ";
    displayBits(x);
    return 0;
}
void displayBits(unsigned long value)
{
    unsigned long binary;
    for (int i=15; i>=0; i--)
    {
        binary= (value>>i) & 1;
        cout <<binary;
        if(i%4==0)
            cout<<"   ";
    }
    cout<<endl;
}
```

3.4 逗号运算符和条件运算符

核心知识

- 逗号可以在定义多个变量时分隔变量,也可以分隔多个表达式。当它分隔表达式时,得到的是最右边一个表达式的结果。

```cpp
int x=876,y=123;
y= (++x,y+4,x+y);
//x++的值为 877,y+4 的值为 127,x+y 的值为 1000。最后 y 的值为 1000
```

- 条件运算符(?:)是对简单的 if...else 语句进行简单的替换。其形式为:

<表达式 1>?<表达式 2>:<表达式 3>

如果表达式 1 的布尔值为 true,则返回表达式 2 的结果,否则表达式 3 的结果就是整个条件表达式的值。

能力目标

能够计算出逗号表达式的值。

掌握条件运算符的使用方法。

任务驱动

任务一

(1) 任务的主要内容

编写一段代码,测试逗号运算符。具体要求如下:

- 声明 int 类型变量 x、y 和 z,x 和 y 的初始值分别为 90、23;
- z 的值由逗号表达式(x−8,x＝x/2,y+3)决定;
- 输出 x、y 和 z 的值,仔细体会其中的改变。

(2) 任务的代码

```
#include <iostream.h>
int main()
{
    int x=90,y=23,z;
    z=(x-8,x=x/2,y+3);          //逗号表达式
    cout<<"x="<<x<<endl
        <<"y="<<y<<endl
        <<"z="<<z<<endl;
    return 0;
}
```

程序运行结果如下:

任务二

(1) 任务的主要内容

编写一段程序,测试条件运算符。具体要求如下:

- 声明 int 类型变量 x、y,初始值分别为 90、23。
- 声明变量 max,它的值由条件运算符决定(x＞y)？ x：y。该运算符的意义在于取得 x 和 y 之间的较大者。
- 声明 char 类型的指针 t,t 指向一个字符串:如果 x 是 y 的整数倍,则 t 指向"true";否则,t 指向字符串"false"。

(2) 任务的代码

```
#include <iostream.h>
```

```
int main()
{
    int x=90,y=23;
    int max=(x>y)?x: y;
    cout<<"max="<<max<<endl;
    char * t=(x%y==0)?"true": "false";
    cout<<"x 是 y 的整数倍吗？"<<t<<endl;
    return 0;
}
```

程序运行结果如下：

```
max=90
x是y的整数倍吗?false
```

实践环节

仔细阅读下面的程序，试分析运行结果。sizeof()能够返回一个变量或数据类型占用的字节长度。

```
#include <iostream.h>
int main()
{
    int i=0,A[5]={0};
    double d=3.14;
    cout<<"sizeof(i)="<<sizeof(i)<<endl
        <<"sizeof(A)="<<sizeof(A)<<endl
        <<"sizeof(d)="<<sizeof(d)<<endl;
    int max=(sizeof(i)>sizeof(A))?sizeof(i): sizeof(A);
    max=(max>sizeof(d))?max: sizeof(d);
    cout<<"max="<<max<<endl;
    return 0;
}
```

3.5 类型转换

核心知识

如果表达式中存在不同类型的变量参与运算，C++会根据需要进行类型转换。C++的类型转换一般分两种：隐式转换和强制类型转换。前者是C++定义的数据类型之间的转换，例如字符型、整型和浮点型等，由编译器自动完成，所以又叫自动类型转换；后者需要用户自己写明要转换的目标类型。

- C++做隐式转换时有特定的规则：数值类型变量可以混合使用。例如将短的数值变量的值（例如一个int型的值）赋值给较长的数值变量（例如一个float型变量）时，数据信息不会丢失；如果将一个长的数值变量的值赋给一个短的数据类型变量，数据可能不能准确表示，甚至发生数据截断。例如：

```
int    a=9;
float b=a+4.0;        //编译器将 a 自动提升为 float 型的 9.0 参与运算
long   c=7e6;
char    mychar=c; //编译器会警告发生数据截断,mychar 将是一个不确定的值
```

- 当一个较长的类型到较短类型做赋值时,编译器一般会警告发生数据丢失;而强制类型转换则告诉编译器不必关心可能的数据精度丢失,关闭警告甚至错误提示信息。例如:

```
int a=9;
void * p=NULL;        //定义一个指向空地址的泛型指针 p
int * q=&a;           //q 指向 int 类型的变量 a
p=q;                  //隐式转换,void * 类型的指针可以指向任意数据类型地址
q=(int *)p;           //强制类型转换,C++中不存在从 void * 类型到特殊类型指针的自动
                        转换
```

能力目标

掌握隐式类型转换和强制类型转换。

掌握隐式类型转换的原则。

了解强制类型转换带来的问题。

任务驱动

(1) 任务的主要内容

编写一个程序,测试隐式类型转换和强制类型转换。具体要求如下:

- 声明 int 类型变量 m 和 double 类型变量 d,分别赋予初始值 12 和 1.234 56。
- 输出表达式 t * d 的结果。
- 声明 double 类型的变量 t,它由 m 赋值;这是自动类型转换。
- 进行强制类型转换测试。

(2) 任务的代码

```cpp
#include <iostream.h>
int main()
{
    int m=12;
    double d=1.23456;
    cout<<"m * d="<<m * d<<endl;
    double t=m;        //自动类型转换
    cout<<"t="<<t<<endl;
    //强制类型转换
    cout<<"(int)d="<<(int)d<<endl
        <<"(int)d+9.87654="<<(int)d+9.87654<<endl
        <<"(int)(d+9.87654)="<<(int)(d+9.87654)<<endl;
    return 0;
}
```

程序运行结果如下:

```
m*d=14.8147
t=12
(int)d=1
(int)d+9.87654=10.8765
(int)(d+9.87654)=11
```

（3）任务小结或知识扩展

隐式类型转换在表达式中自动向数值表现能力更强的方向进行转换。整数类型中数值表现能力依次为（unsigned）char＜（unsigned）short＜（unsigned）int＜（unsigned）long int；浮点数中依次为 float＜double＜long double。

实践环节

编写一个程序，通过如下公式估算数学常量 e 的值（精确到小数点后 6 位）。

$$e=1+1/1!+1/2!+1/3!+\cdots$$

3.6 条件语句

核心知识

（1）if…else 语句是二分支结构，它的语法形式为：

```
if ( 条件 )
    语句块 1
else
    语句块 2
```

① 条件必须放在括号内，它可以是一个表达式，也可以是一条声明语句。

② 如果条件的布尔值为 true，则执行下面的语句块 1；否则执行语句块 2。

③ if…else 语句中，可以只保留 if 语句。else 语句块中可以嵌套 if 语句，这种情况下 if 与离它最近的 else 相匹配。例如：

```
if( n>0)
    cout<<"n 是正数"<<endl;
else
    if(n==0)
        cout<<"n 是 0"<<endl;
    else
        cout<<"n 是负数"<<endl;
```

（2）switch 语句是多分支结构，一般用来在一组互斥选项中做唯一选择。switch 结构由一些 case 标号和一个可选的 default 组成，它的语法形式为：

```
switch (表达式)
{
        case 常量表达式 1: 语句 1;break;
        case 常量表达式 2: 语句 2;break;
        ⋮
        default:        语句
}
```

① switch 括号里的表达式可以包含运算符或是函数调用,但表达式的值只能是整型、字符型或枚举型。

② case 标号后的常量表达式的值不能重复。

③ 每个 case 标号后的语句如果有 break,则中止以下语句的执行;否则程序将顺序执行直到遇到 switch 语句的右花括号。

④ 可以在 case 标号后的语句中使用 switch 语句。

能力目标

熟练掌握 if...else 语句和 switch 语句语法形式。

能够在程序中根据情况使用条件语句。

任务驱动

任务一

(1) 任务的主要内容

编写一个程序,能够取得输入数的绝对值。

- 在 main()函数中声明 double 类型变量 d,它接收键盘输入赋值。
- 以 d 作为实参,调用函数 abs 获得 d 的返回值。
- 函数 abs 的功能是判断形参 x 是否为正数,如果 x 大于等于 0,则返回 x;否则返回 —x。

(2) 任务的代码

```
#include <iostream.h>
double abs(double);
int main()
{
    double d;
    cout<<"请输入一个数为变量 d 赋值"<<endl;
    cin>>d;
    cout<<"x 的绝对值为: "<<abs(d)<<endl;
    return 0;
}
double abs(double x)
{
    if(x>=0)
        return x;            //花括号省略
    else
        return (-x);         //花括号省略
}
```

程序运行结果如下:

```
请输入一个数为变量d赋值          请输入一个数为变量d赋值
-871                            32144
x的绝对值为: 871                 x的绝对值为: 32144
```

（3）任务小结或知识扩展

可以使用三元表达式将上面代码中的函数 abs 改写为：

```
double abs(double x)
{
    return (x>0)? x: -x;
}
```

任务二

（1）任务的主要内容

编写一个程序,进行一个简单有趣的心理测试。具体要求如下：

• 在 main()函数中声明 char 类型的变量 option,用来保留用户的输出；

• 输出心理测试题的提示；

• switch 后面的表达式使用用户的输入（由变量 option 表示）；

• 根据 option,编写 case 语句。

（2）任务的代码

```
#include <iostream.h>
int main()
{
    char option;
    cout << "你现在开始一个有趣的心理测试,想象你在森林的深处,你向前走,看见一座很旧的小
        屋。请问小屋的门是开着('o'或者'O')还是关闭('c'或者'C')? "<<endl;
    cin>>option;
    switch(option)
        {
          case 'o':
          case 'O':
              cout<< "你是一个任何事都愿与别人分享的人。"<<endl;
              break;
          case 'c':
          case 'C':
              cout<< "你是一个任何事都愿一个人去做的人。"<<endl;
              break;
          default:
              cout<< "你是一个没有仔细读题的人。"<<endl;
        }
    return 0;
}
```

程序运行结果如下：

你现在开始一个有趣的心理测试,想象你在森林的深处，你向前走，看见一座很旧的小
屋。请问小屋的门是开着('o'或者'O')还是关闭('c'或者'C')?
o
你是一个任何事都愿与别人分享的人。

（3）任务小结或知识扩展

switch 语句的执行遵循的规则如下：

- 当关键字 switch 后面表达式的值与 case 值相匹配时,语句就会一直执行下去,直到遇到了 break 语句或者到达 switch 语句的末尾。
- 如果表达式的值与任何 case 值都不匹配,则 switch 语句中有 default 语句就会执行 default 语句;如果没有 default 语句,则跳出整个 switch 语句。
- 每个 case 语句中,break 的作用在于跳出 case 剩余语句的执行。

实践环节

编写一个程序,模拟 6000 次掷骰子的结果。使用 freq_1、freq_2 、freq_3、freq_4、freq_5 和 freq_6 分别代表掷出 1 个点、2 个点、3 个点、4 个点、5 个点和 6 个点的次数。结果显示各个点数出现的次数大约都是 1000 次。

程序运行结果如下:

```
掷出1点的次数freq_1=1003
掷出2点的次数freq_2=1017
掷出3点的次数freq_3=983
掷出4点的次数freq_4=994
掷出5点的次数freq_5=1004
掷出6点的次数freq_6=999
```

```cpp
#include <iostream.h>
#include <stdlib.h>        //包含函数 rand 的声明或定义
int main()
{
    int face,roll,freq_1=0,freq_2=0,freq_3=0,
        freq_4=0,freq_5=0,freq_6=0;       //face 表示骰子的点数,roll 表示掷的次数
    for(roll=1;roll<=6000;roll++)
    {
        face=1+rand()%6;      //rand()%6 保证随机数的取值范围是从 0 到 5
        switch(face)
        {
          case 1:
              ++freq_1;
              break;
          case 2:
              ++freq_2;
              break;
          case 3:
              ++freq_3;
              break;
          case 4:
              ++freq_4;
              break;
          case 5:
              ++freq_5;
              break;
          case 6:
              ++freq_6;
              break;
        }
    }
}
```

```
    cout<<"掷出 1 点的次数 freq_1="<<freq_1<<endl
        <<"掷出 2 点的次数 freq_2="<<freq_2<<endl
        <<"掷出 3 点的次数 freq_3="<<freq_3<<endl
        <<"掷出 4 点的次数 freq_4="<<freq_4<<endl
        <<"掷出 5 点的次数 freq_5="<<freq_5<<endl
        <<"掷出 6 点的次数 freq_6="<<freq_6<<endl;
    return 0;
}
```

其中,rand()函数原型为 int rand(void);,作用是产生一个从 0 到至少 32 767 之间的随机数。

3.7　循环语句

核心知识

循环一般分两种,计数器控制的循环和标志值控制的循环。如果预先知道需要执行多少次就用计数器控制的循环,也就是 for 循环;否则就用标志值控制的循环,即 while 循环和 do...while 循环。

- for 循环需要:一个控制变量作为循环控制器,该变量有一个初始值;每次执行循环体时,修改控制变量的值;测试循环变量最终值的条件,判断循环是否继续。具体的语法形式为:

```
for( 初始化语句; 条件语句; 表达式)
{
    语句
}
```

其中,初始化语句可以是声明语句或表达式,一般用来给循环变量初始化,可以缺省;条件语句用来控制循环,每次进入循环前判断该语句的值是否为 true;表达式则在每次循环结束之后被重新计算,一般用来修改循环变量的值。

- while 循环首先检查条件语句的值,如果为 true,则执行语句。每执行一次循环,都会重新检查条件语句的值。while 循环的语法形式:

```
while (条件语句)
{
    语句
}
```

在大多数时间里,for 循环可以用如下所示的 while 结构表示。

```
初始化语句;
while(条件语句)
{
    语句
    表达式;
}
```

- 如果不管条件语句的值如何,必须先执行循环体一次,这时就要使用 do...while 循环。

```
do
{
    语句
}while(条件语句);
```

while 循环和 do...while 循环的不同在于:while 循环先判断条件是否为真,而 do...while 循环则是先执行语句再判断。

能力目标

能够使用 for 循环,理解 for 循环是计数器控制的循环。

能够使用 while 循环结构在一个程序中重复执行语句。

理解 while 循环和 do...while 循环的区别。

理解 while 循环和 do...while 循环是标志控制的循环。

任务驱动

任务一

(1) 任务的主要内容

编写一段代码,循环遍历数组,并找出其中最大值及其下标。

- 声明 int 类型的数组 d,并初始化数组元素。
- 声明 int 类型的变量 max 和 index,max 初始化值为数组中第一个元素。
- 声明循环变量 i,它的初始值为 0,最大值为 9,代表数组 d 的所有元素下标;在 for 循环中,访问数组中所有元素。
- 当下标为 i 的元素值大于 max,将较大数赋给 max,同时使用变量 index 记录较大数的下标。

(2) 任务的代码

```
#include <iostream.h>
int main()
{
    int   d[10]={1,3,4,34,9,67,42,31,12,33};
    int max=d[0],index;
    for(int i=0;i<10;i++)
        if(d[i]>max)
        {
            max=d[i];
            index=i;
        }
        cout<<"数组中最大数值为: "<<max<<endl
            <<"下标是: "<<index<<endl;
        return 0;
}
```

程序运行结果如下：

```
数组中最大数值为:67
下标是:5
```

（3）任务小结或知识扩展

- 使用整数值来控制计数器循环，因为浮点数值可能会导致不精确的计数器值和不正确的中止测试。
- for 循环中的 3 个表达式一般使用分号";"分隔；3 个表达式可以省略，但是分号不能省略。

任务二

（1）任务的主要内容

编写一个程序，接收一个正整数 n，计算 $1^2 + 2^2 + 3^2 + \cdots + n^2$。

（2）任务的代码

```cpp
#include <iostream.h>
int main()
{
    int x=1,total=0,y;
    int n;
    cout<<"请输入 1 * 1+2 * 2+3 * 3+…+n * n 中的 n 值"<<endl;
    cin>>n;
    if(n<0)
        ;      //空语句,不能省略
    else
    {
        while(x<=n)
        {
            y=x * x;
            total+=y;        //复合赋值语句
            ++x;             //自增量
        }
    }
    cout<<"total="<<total<<endl;
    return 0;
}
```

程序运行结果如下：

```
请输入1*1+2*2+3*3+…,+n*n中的n值
15
total=1240
```

（3）任务小结或知识扩展

使用 while 循环时注意：要在 while 循环中提供最终使 while 中的条件为假的语句，否则会造成"死循环"。

任务三

（1）任务的主要内容

编写一段代码，累加从键盘输入的数值，如果输入数位 0，表示结束。

（2）任务的代码

```
#include <iostream.h>
int main()
{
    double x,sum=0;
    do{
        cout<<"x=";
        cin>>x;
        sum=sum+x;
    }while(x!=0);
    cout<<"sum="<<sum<<endl;
    return 0;
}
```

程序运行结果如下：

```
x=312
x=43
x=98
x=1
x=-423
x=0
sum=31
```

（3）任务小结或知识扩展

在 for、while 和 do...while 循环中循环条件如果一直为真，就会造成"死循环"。为了防止出现这种现象，应该确保 for 循环和 while 循环后面没有直接跟随分号。在计数器控制的循环中，确保循环体重控制变量是递增或递减的；在标志控制的循环中，确保最后输入标志。

实践环节

下面是猜密码程序，接收用户输入密码，如果连续输入错误 3 次，程序结束。请使用 for 循环改写该程序。

```
#include <iostream.h>
#include <windows.h>       //包含函数 Sleep 的声明
void main()
{
    int secret=654321,guess;
    int counter=1;
    cout<<"请输入密码,你有三次机会,每次猜错则程序暂停 1 秒!"<<endl;
    cin>>guess;
    while(guess!=secret)
    {
        cout<<"密码错误!"<<endl;
        Sleep(1000);       //调用 Sleep 函数,即每 1000 毫秒(1 秒)输出一次
```

```
            if(counter++<3)
                cin>>guess;
            else
            {
                cout<<"机会已经用尽,程序结束!"<<endl;
                break;
            }
        }
    return 0;
}
```

Sleep 函数原型为:Sleep(unsigned);,作用是当程序执行到这个函数时,将暂停若干毫秒,然后继续执行。例如:Sleep(1000);表示当程序执行到这里时,将暂停 1000 毫秒,即一秒,然后继续执行。

3.8 转 移 语 句

核心知识

结构化编程语言对于建立易于调试、维护和修改的软件非常重要。但是当性能比严格遵守结构化编程技术更重要时,要使用一些非结构化语句。例如,可以使用 break 语句在循环条件为假之前结束循环体的执行,以节省不必要的开销。非结构化语句中常见的是转移语句。

转移语句用来打断程序执行流程,将控制转移到别的地方。常见的转移语句有:break 语句、continue 语句和 goto 语句。

- break 语句在循环语句 for、while、do...while 中,用于跳出当前循环体;在 switch 结构中,中止 switch 语句的执行。
- continue 语句只能跳出当前循环,重新回到循环开始的地方再次判断是否继续循环。
- goto 是无条件转移语句。其作用是将程序控制流程转移到指定号后的第一条语句。其中标号是后面加冒号的标识符,它与引用它的 goto 语句应该在一个函数中。

能力目标

能够使用 break 和 continue 改变控制流程。

任务驱动

任务一

(1) 任务的主要内容

编写一个程序,使用 break 语句,求表达式"1+2+3+…+n<1000"中的 n,要求 n 是满足条件的最大数值。

(2) 任务的代码

```
#include <iostream.h>
```

```
int main()
{
    int i,sum=0;
    for(i=1; ;i++)      //for 语句中第二个表达式省略
    {
        sum=sum+i;
        if(sum>1000)
            break;      //直接退出循环
    }
    cout<<"i="<<i<<endl;
    return 0;
}
```

程序运行结果如下：

i=45

（3）任务小结或知识扩展

有批评认为 break 和 continue 语句是非结构化的，并且可以使用结构化语句取代它们。尝试不使用 break，完成程序功能。

任务二

（1）任务的主要内容

编写一个程序，输出 1 到 50 之间所有不能被 3、5 和 7 整除的数。

（2）任务的代码

```
#include <iostream.h>
int main()
{
    int i;
    for(i=1;i<50;i++)
    {
        if((i%3==0)||(i%5==0)||(i%7==0))
            continue;
        cout<<"i="<<i<<'\t';
    }
    cout<<endl;
    return 0;
}
```

程序运行结果如下：

i=1	i=2	i=4	i=8	i=11	i=13	i=16	i=17	i=19	i=22
i=23	i=26	i=29	i=31	i=32	i=34	i=37	i=38	i=41	i=43
i=44	i=46	i=47							

（3）任务小结或知识扩展

while 循环在大多数情况下能够取代 for 循环。但是当 while 循环中的递增或递减表达式跟随在 continue 语句之后，该语句不会被执行，while 循环不会按照 for 循环相同的方式执行。

任务三

（1）任务的主要内容

编写一个程序，说明 goto 语句的用法。

（2）任务的代码

```cpp
#include <iostream.h>
int main()
{
        int count=1;
    start:                //标号
        if(count>10)
            goto end;
        cout<<"count="<<count<<endl;
        count=count+2;
        goto start;
    end:                  //标号
        cout<<endl;
        return 0;
}
```

程序运行结果如下：

```
count=1
count=3
count=5
count=7
count=9
```

（3）任务小结或知识扩展

goto 语句的优势在于快速从深层次嵌套的控制结构中退出，但是 goto 语句使得程序难以调试和修改，建议仅在面向性能的应用程序中使用。

实践环节

编写一个运气游戏。该游戏的规则很简单：变量 bandBalance 表示玩家账户，初始值为 1000，变量 wager 代表赌注，初始值为 100；提示玩家猜计算机掷出的点数并输入；如果成功则玩家账户 bandBalance 的值增加 wager，否则将 bandBalance 减少 wager；使用 while 循环检查 wager 是否小于等于 bandBalance，如果不是，游戏结束。

```cpp
//默认提示玩家输入赌注 wager
#include <iostream.h>
#include <time.h>
#include <stdlib.h>
int roll();

int main()
{
    int bandBalance=1000,wager=100,die;
```

```
    srand(time(NULL));
    do{
        cout<<"来吧,试试运气!猜计算机掷出的点数是: ";
        cin>>die;
        if(die==roll())
        {
            bandBalance=bandBalance+wager;
            cout<<"您发财了!现在有 "<<bandBalance<<"元"<<endl;
        }
        else
        {
            bandBalance=bandBalance-wager;
            cout<<"您输掉 "<<wager<<"元!还有 "<<bandBalance<<"元"<<endl;
        }
        cout<<"输入你的赌注: "<<endl;
        cin>>wager;
        if(wager<0)
        {
            cout<<"您有 "<<bandBalance<<"元"<<endl
                <<"请您自行兑换现金"<<endl;
            break;
        }
    }while(wager<=bandBalance);
        return 0;
}
int roll()
{
    int face=1+rand()%6;
    cout<<"计算机掷出"<<face<<"点"<<endl;
    return face;
}
```

本 章 小 结

- C++ 提供的自增量＋＋和－－,可以使变量增加或减少 1。当自增量放在变量名前,称为前缀方式,先将变量的值增加或减少 1,再在表达式里使用修改后的值;当字增量放在变量名后,称为后缀方式,先使用变量的值,再将变量的值增加或减少 1。

- ＋＝、－＝、＊＝、／＝和％＝是复合赋值语句,是对相应的表达式的简化。

- 空语句是指本该出现语句的地方,只有一个分号。空语句不产生任何行为。

- 选择语句是指在多种情况下,根据条件选择执行某些语句。

- if 语句的格式是:

```
if(条件表达式)
    语句;
```

只有在条件为 true 时,才执行 if 下面的语句;如果条件为假,则跳过语句。

- if...else 语句的格式是：

```
if(条件表达式)
    语句 1;
else
    语句 2;
```

只有在条件为 true 时，才执行 if 下面的语句 1；如果条件为假，则执行语句 2。
- switch 语句会根据变量或表达式的值，在一系列待选项中选择相应的语句执行。
- 循环语句在条件为 true 时，反复执行某些语句。
- while 语句的格式是：

```
while(条件表达式)
    语句;
```

- for 语句是一种计数器控制的循环，常用于循环次数确定的情况。格式是：

```
for(初值;循环条件;修改循环变量)
    语句;
```

- do...while 在循环结束时才检测循环条件是否为 true，所以循环语句至少执行一次。
  格式是：

```
do{
    语句;
}while(条件表达式);
```

- while 和 do...while 是由标记控制的循环。
- break 用在某个语句(for、while 和 do...while 以及 switch)中，会导致控制立即从结构中退出。
- continue 用在某个循环结构(for、while 和 do...while)中，会导致控制跳过下面的语句，直接开始下一次循环判断。
- goto 语句可以跳转到标记处。

习 题 3

1. 所有程序都能够按照 3 种结构来编写，它们是_____、_____和_____。
2. _____语句用于当条件为真时执行一个动作，而条件为假时执行另一个动作。
3. 循环指定当某个条件一直为真时重复执行循环体语句。
4. 当一个循环结构中执行_____语句时，会使得程序立即执行下一个循环过程。
5. 当一个循环结构或一个 switch 语句中执行_____语句时，会使得程序立即从该结构中退出。
6. 下面每个语句中都有错误，指出错误并改正。

- while(c<=5)
  ```
  {
      c++;
  ```

- ```
  if(sex==1)
      cout<<"woman\n";
  else;
      cout<<" man\n";
  ```

- ```
  do{
      sum=sum+i;
      i++;
  }while(i<=10)
  ```

- ```
  while(y>0)
      ++y;
  ```

7. 判断对错

(1) 在 switch 选择结构中,必须使用 default 语句。 （　　）

(2) 在 switch 选择结构的 default 语句中,必须使用 break。 （　　）

(3) 如果 x>y 或 a<b 为真,那么表达式(x>y&&a<b)为真。 （　　）

(4) 参与||运算的操作数有一个为真,那么整个表达式为真。 （　　）

8. 编写语句实现下面的要求:

使用 switch 语句显示给定的整数是奇数还是偶数。

```
switch(value%2)
{
    case 0:
        cout<<"偶数"<<endl;
    case 1:
        cout<<"奇数"<<endl;
}
```

9. 使用 for 语句输出 1 到 999 之间所有能同时被 3、7 和 11 整除的数。

10. 使用 for 语句显示 19、27、35、43、51 这几个数。

11. 编写一个程序,使用 while 循环计算 x 的 y 次方,其中 x 和 y 的值都由键盘输入。

12. 编写一个程序,计算并输出几个整数的平均值。设定使用键盘输入最后一个数为 −1 时,计算 −1 之前的所有数的平均值。例如,输入序列是 90 11 −165 4512 17 −1,计算 90 11 −165 4512 17 的平均值。

13. 编写一个程序,输出整型数组 arr 的元素以及条形图。例如输出的数是 7,那么在后面输出*******。

14. 直角三角形中,一条边长度的平方等于其他两条边长度的平方之和。编写程序,提示用户输入三角形的三条边的长度,然后指出该三角形是否是直角三角形。

15. 有位用户想在网上将自己的银行卡和密码发给同伴,由于担心泄露信息,两人约好一种加密和解密算法。

约定:信息以 4 位整数的方式传输;使用该位加上 7 的和再对 10 取模的结果代替该位;然后把第一位和第三位交换,第二位和第四位交换。

开发一个程序,使该程序能够输入一个加密之后的 4 位整数,调用函数对其解密,还原成原始数字。
```

第 4 章

函　　数

　　C++ 程序就是一个函数集合,其中有一个函数 main,作为程序的入口和出口。函数和变量一样,都是必须先声明或定义然后使用。C++ 使用函数原型告诉编译器返回值类型、函数名、参数个数和相应的类型。函数定义包括函数声明,它使用语句实现了需要完成的功能。一个函数不能在另一个函数体内定义。C++ 程序的组织由函数调用完成。函数调用时首先完成实参向形参赋值(不带参数不必赋值),当被调函数执行结束之后,控制转回主调函数。

　　C++ 允许使用一个函数名代表具有相似操作的函数集合,这种现象称为函数重载;C++ 还允许函数声明时为其形参指明默认值。

4.1　main 函数

核心知识

　　函数是 C++ 程序的组成部分。任何一个完整的 C++ 程序至少有一个 main 函数。

　　编译器从头到尾编译程序。如果 main 函数在自定义的函数之前出现,则先编译 main 函数;如果 main 函数在程序的末尾出现,则 main 之前的所有函数定义将根据它们在程序的位置先编译。

　　无论 main 函数定义在程序中哪个位置,当程序运行时,首先执行 main 函数的第一个语句,其他函数只有在调用它们的时候才执行。

能力目标

　　理解 main 函数的作用。

任务驱动

（1）任务的主要内容

　　大学生小刘声称今年将存下 1800 元(每月节省 150 元),买下平均年收益率 11.8% 的某理财产品,这个账户金额将在 10 年后达到 3 倍、20 年后达到 9 倍。周围同学不相信,为此他编写下面一个程序,验证他所言不虚。注意,20 年后账户的金额使用数学公式计算:total＝p * (1＋r)^n。

　　• main 的函数头没有形参,返回值类型为 int;

- 声明变量；
- 使用 for 循环，计算 20 年间账户金额的变化；
- 输出运算结果。

（2）任务的代码

```
#include <iostream.h>
#include <math.h>
int main()                              //main()函数没有形参，返回值类型为 int
{
    double total=0,rate=0.118;   //total 表示账户总额，rate 表示年收益率
    int pricipal=1800,year=10;   //pricipal 表示本金
    for(year=1;year<21;year++)
    {
        total=pricipal * pow((1.0+rate),year);
        if(year%5==0)
        cout<<year<<"年之后，小刘将拥有 "<<total
            <<"元，约是账户起始金额的 "<< (total/pricipal)<< "倍"<<endl;
    }
    return 0;
}
```

程序运行结果如下：

```
5 年之后，小刘将拥有 3143.99 元，约是账户起始金额的 1.74666 倍
10 年之后，小刘将拥有 5491.49 元，约是账户起始金额的 3.05083 倍
15 年之后，小刘将拥有 9591.79 元，约是账户起始金额的 5.32877 倍
20 年之后，小刘将拥有 16753.6 元，约是账户起始金额的 9.30756 倍
```

（3）任务小结或知识扩展

- 任何函数中都可以包含 return 语句。当程序执行到 return 语句时，将立即中止该函数的执行并将程序控制交给调用函数。在调用函数中函数调用语句被 return 语句返回的值代替。在 void 类型的函数中 return 语句终止了函数调用，将控制返回。如果在 main 函数中执行 return 语句，表示程序运行结束。
- 表达式可以是变量、常量值或者表达式。如果是数值，要求它的类型与函数返回值类型一致。

实践环节

假设小刘在 10 年中每年用 1800 元购买收益率为 11.8％的理财产品，那么 10 年后他的账户总额又是多少？试开发程序计算。

4.2　函数原型

核心知识

C++程序是函数的集合。函数可以以任意次序出现，但是必须先声明然后再调用。函数原型或完整的函数定义在代码中必须先于函数调用语句出现。

函数声明的语句是函数原型说明，它由函数头和分号组成，函数原型的格式如下：

函数返回值类型 函数名(形参列表);

其中函数返回值可以是 C++ 能够处理的任何类型,如果没有返回值,则用 void 表明;形参列表是在函数头部定义的变量或表达式,可以为空,无论何种情况圆括号必须保留(在函数原型中可以不必指定参数列表中的变量名,但是一定要求提供每个参数的数据类型);函数原型以分号结束。

能力目标

能够声明函数。

理解函数原型的作用。

任务驱动

(1) 任务的主要内容

给出下面每个函数的函数原型。

- 函数 print,它没有参数,也没有返回值。
- 函数 intToFloat,它有一个整型参数,返回一个 double 类型的值。
- 函数 add,它需要两个 double 类型的参数 value1 和 value2,它有一个 double 类型的返回值。
- 函数 smallest,它有 3 个整型参数 a、b 和 c,其中 a、b 和 c 分别有默认值 1、2 和 3。该函数返回一个整型数值。
- 函数 sum,它有 5 个整型参数,分别是 x、y、z 以及 s 和 t,其中 s 的默认值是 12,t 的默认值是 8。该函数的返回值是整数类型。

(2) 任务的代码

```
【代码1】: void  print();
【代码2】: double intToFloat(int);
【代码3】: double add(double value1,double value2);
【代码4】: int smallest(int a=1, int b=2,int c=3);
【代码5】: int sum(int x,int y,int z,int s=12,int t=8);
```

(3) 任务小结或知识扩展

- 函数原型形参列表中可以只出现数据类型,而不必指定参数名。
- 函数原型形参列表中可以指定参数类型和参数名。
- 函数原型中在指定了参数类型和参数名的同时,可以为全部或某些参数指定初始值。其中初始值的指定规则是:默认参数应该在首次声明函数时指定,不能在函数定义时指定;可以有多个默认值,但每个默认值应该位于参数列表中最右边的位置上。

实践环节

给出下面函数的函数原型。

- 函数 volume 能够提示用户输入球的半径,返回该球的体积。该函数没有参数,返回值是 double 类型。

- 函数 unitPrice 能够计算出单位面积的价格,该函数要求两个参数,int 类型的面积数,double 类型的价格。返回值类型是 double。

4.3　函 数 定 义

核心知识

　　函数是一组用户定义的操作,常用函数名标识。函数要处理的数据叫参数,处理结果就是函数的返回值,返回值类型就是返回类型,常称为函数类型。一个函数常由函数头和函数体组成,函数头由返回类型、函数名和参数表组成。

　　函数定义由函数头和函数体组成,函数只能定义一次。函数定义时形参类型应该和函数原型中的形参类型相同。由于参数名字不是类型的一部分,所以参数不必保持一致。

能力目标

　　理解函数原型和函数定义的不同。

　　掌握自定义函数的作用。

　　能够根据要求实现函数功能。

任务驱动

(1) 任务的主要内容

编写一个程序,完成下面语句的要求。

- 声明函数 div 和 mod。这两个函数的返回类型都是 int,它们都具有两个 int 类型的形参。
- 定义函数 main,它能够提示用户从键盘输入整数初始化被除数 x 和除数 y,判断除数不能为 0;然后输出 divide(x,y) 和 mod(x,y) 的值。
- 定义函数 div,它能够计算变量 a 除以 b 时商的整数部分,其中 a 和 b 是整数。
- 定义函数 mod,它能够计算变量 a 除以 b 时商的整型余数,其中 a 和 b 是整数。

(2) 任务的代码

```
#include <iostream.h>
int div(int,int);              //整除函数 divide 原型
int mod(int,int);              //取余函数 mod 原型
int main()
{
    int x,y;
    cout<<"输入两个整数,分别为被除数 x 和除数 y 赋值"<<endl;
    cin>>x>>y;
    if(y==0)
    {
        cout<<"除数不能为 0!"<<endl;
        return 1;
```

```
    }
    cout<<"x 整除 y 的结果是: "<<div(x,y);   //div(x,y)调用函数 div
    cout<<",x 整除 y 的余数是: "<<mod(x,y)<<endl;
    return 0;
}
/* 整除函数 divide 定义 */
int div(int a ,int b)
{    return a/b;        }        //函数 divide 的函数体
/* 取余函数 mod 定义 */
int mod(int a,int b)
{        return a%b;        }        //函数 mod 的函数体
```

程序运行结果如下：

```
输入两个整数,分别为被除数x和除数y赋值
4587312
986
x整除y的结果是: 4652，x整除y的余数是: 440
```

(3) 任务小结或知识扩展

- 函数原型没有函数体。一般建议将函数原型放置在任何函数定义之前。
- 在程序中调用的每个函数都必须被定义一次。定义一个函数的同时也给出该函数的原型。
- 在函数体内声明的变量成为局部变量。上例 main 函数中的 x、y 与 div 函数中的 a、b 都是局部变量。局部变量被局限于声明它的函数内,可以在其他函数体中声明相同的变量。例如 div 函数中的 a、b 与 mod 函数中的 a、b。

实践环节

编写函数 multiple,判断两个整数中第一个数是否能整除第二个数,如果能够,则返回 1,否则返回 0。

4.4 函数传值调用

核心知识

C++ 遵守一个原则：函数必须先声明或定义,才能调用,否则会发生编译错误。

在一个程序中函数可以被声明多次,只能被定义一次。并且,函数体内不能定义函数。一般情况下,将函数声明放在头文件中,每个使用该函数的程序必须包含该头文件,而将函数的定义放在另一个文件中。这样做的好处在于,函数声明只描述函数接收的参数信息和返回值类型,无论如何修改函数定义都不影响用户对函数的调用。

发生函数调用时,要指明函数名和实参。调用的语法是：函数名(实参列表)。

编译器根据函数名在运行时执行被调用函数(声明为 inline 的被调函数在编译时将函数体复制到调用点);同时函数名后括号内的实参列表被传递给形参,为其赋值。所以实参和形参的类型、顺序和数量要相同。在此种方式中,调用函数的实参用常量、变量值或表达式值,被调用函数的形参用变量。传值调用的实现机制是系统将实参拷贝一个副本给形参。

传值调用的特点是形参值的改变不影响实参。

能力目标

　　掌握传值调用,理解调用时实参为形参赋值。

　　理解传值调用是单向传递。

　　掌握定义和调用带默认参数的函数时实参与形参的匹配。

任务驱动

任务一

（1）任务的主要内容

- 声明函数 cubeByValue,该函数的返回值类型和唯一的形参类型都是 double。
- 定义函数 main,该函数提示用户输入一个数值为 double 类型变量 x 赋值;调用 cubeByValue 函数求出 x 的 3 次方,并将结果赋值给变量 number;最后输出结果。
- 定义函数 cubeByValue,该函数能够求 double 类型数值的 3 次方。

（2）任务的代码

```
#include <iostream.h>
double cubeByValue(double);          //函数 cubeByValue 原型
int main()
{
    double x,number;                 //x 是函数 main 中的局部变量
    cout<<"请输入一个数,它的立方值为: ";
    cin>>x;
    number=cubeByValue(x);           //将 x 中的值传递给函数 cubeByValue
    cout<<"x 的立方是: "<<number<<endl;
    return 0;
}
//调用时将 x 的值拷贝给 n,n 是函数 cubeByValue 中的局部变量
double cubeByValue(double n)
{        return n*n*n;     }
```

程序运行结果如下:

```
请输入一个数, 它的立方值为: 11
x的立方是:1331
```

（3）任务小结或知识扩展

- 函数的形参在函数头中指定,是需要向函数体内传递的变量声明。实参是用来给形参赋值的。
- 传值调用的参数本质上是一个局部变量。当函数被调用时,首先计算出传值调用时实参的值,然后用它作为形参的初始化值。

任务二

（1）任务的主要内容

- 声明函数 max,它有 3 个 int 型参数 a、b 和 c,其默认值分别为 0、0、0。其返回值

是 int。

- 定义函数 main,声明变量 x、y 和 z,分别使用三组数值进行测试函数 max:第一组数值,x＝12,y＝9,z＝1;第二组数值:x＝89,y＝16,z 未指定;第三组数值,x＝55,y 和 z 未指定。
- 定义函数 max,该函数的功能是找出它们中的最大者并返回。首先声明变量 m,并用 x 为其赋值;其次比较 m 与 y,将较大数赋值给 m;接着比较 m 与 z,将较大数赋值给 m。自此 m 代表 x、y 和 z 之中的最大数。

(2) 任务的代码

```cpp
#include <iostream.h>
int max(int a=0,int b=0,int c=0);              //函数原型说明中带有默认参数
int main()
{
    int x,y,z;                                 //声明 int 类型的三个变量
    x=12;y=9;z=1;
    int maximum=max(x,y,z);
    cout<<"当 x=12,y=9,z=1 时,三者之中的最大数是: "<<maximum<<endl;
    cout<<"当 x=89,y=16,z 使用默认值时,三者之中的最大数是: "<<max(89,16)<<endl;
    cout<<"当 x=55,y 和 z 使用默认值时,三者之中的最大数是: "<<max(55)<<endl;
    return 0;
}
int max(int x,int y,int z)                     //函数定义时,不带默认参数
{
    int m=x;
    if(y>m)
        m=y;
    if(z>m)
        m=z;
    return m;
}
```

程序运行结果如下:

```
当x=12, y=9, z=1时, 三者之中的最大数是: 12
当x=89, y=16,z使用默认值时, 三者之中的最大数是: 89
当x=55, y和z使用默认值时, 三者之中的最大数是: 55
```

(3) 任务小结或知识扩展

- 调用含有默认参数的函数时,实参从右向左匹配。如果提供了实参,将覆盖默认值;否则,函数使用默认值。例如当实参 x＝12,y＝9,z＝1 时,调用 max 函数,形参 a、b 和 c 的值分别是 12、9 和 1;当执行 max(89,16)时,实参的值分别是 89、16 和默认值 0。
- 带有默认参数的函数遵守以下原则:函数调用时,没有指定实参,则该参数使用默认值;所有的默认参数必须是函数最右边的参数(在一个指定了默认值的参数的右边,不能出现没有指定默认值的参数);调用带有默认参数的函数时,可以为默认参数重新指定一个值,也可以省略带有默认参数和其右侧所有参数的指定值。

定义一个函数 even,该函数有一个 bool 型的返回值,它的参数是一个 int 类型的数值。其函数完成的功能是,如果参数是奇数则返回 true,否则返回 false。

定义 main 函数,该函数能够提示用户输入数值,调用函数 even 后输出其返回结果。

4.5　函数传址调用

按地址传递是将实参的地址以引用或指针传递给被调函数,实参的值有可能被改变。

引用作为参数时的标志是在形参列表的数据类型之后加上符号"&"。在函数原型和函数定义的函数头都这样写。引用作为参数就是用函数实参的变量名完全替换了引用调用的形参。

在此种调用方式中,调用函数的实参用地址值,被调用函数的形参用指针。调用时系统将实参的地址值赋给对应的形参指针,使形参指针指向实参变量。所以传址调用时,在被调用函数中可以通过改变形参指针所指向的实参值来间接改变实参值。其特点是形参的改变影响实参。需要注意的是数组作为参数传递的是第一个元素的地址,这是一种需要注意的按地址传递:作为实参的数组长度不能传递给形参,所以有时需要一个额外的参数提供数组长度。

掌握传址调用的方法。

理解传址调用时实参和形参共享内存单元。

掌握使用指针和引用传递参数时用法的不同。

任务一

(1) 任务的主要内容

- 声明函数 reverse。该函数返回类型为 void,唯一形参是 int 型引用。
- 定义函数 main,提示用户输入数值赋值给 ival,以 ival 为实参,调用函数 reverse。
- 定义函数 reverse,它的形参是 x,其功能是将引用关联的数值逆序输出。例如引用值为 6907,那么该函数输出结果则是 7096。
- reverse 函数的算法步骤如下。

  声明 int 类型变量 y,初始值为 0。

  只要 x 不等于 0,则一直循环:变量 y 记录 x 除以 10 得到的余数(得到当前 x 中最后一位数)并输出结果;将 x 除以 10 得到的商(去掉最后一位数的 x)赋值给 x。

（2）任务的代码

```
#include <iostream.h>
void reverse(int &);            //函数 reverse 原型声明,引用作为形参
int main()
{
    int ival;
    cout<<"请输入一个整数"<<endl;
    cin>>ival;
        cout<<"将输入的数反序输出: "<<endl;
    reverse(ival);              //调用函数 reverse,其中实参是 ival
    cout<<endl;
    return 0;
}
void reverse(int &x)            //x 是 ival 的别名,两个变量共享内存单元
{
    int y=0;
    while(x)                    //等价于 while(x!=0)
    {
        y=x%10;
        cout<<y<<"      ";
        x=x/10;
    }
}
```

程序运行结果如下:

（3）任务小结或知识扩展

值传递和引用传递的不同在于：值传递时，只是将实参的值拷贝给形参，形参作为一个局部变量其初始值是相应的实参的值，被调用函数体内，无法影响实参的值；在引用调用的机制中，使用实参变量代替形参变量，也就是说被调用的函数体任何对形参的操作其实就是对实参的操作。

任务二

（1）任务的主要内容

- 声明函数 cubeByPointer，它的返回类型为 void，唯一的形参是 double 类型的指针。
- 定义函数 main，该函数提示用户输入一个数值为 double 类型变量 x 赋值；调用 cubeByPointer 函数求出 x 的 3 次方，并输出结果。
- 定义函数 cubeByPointer，该函数能够求 double 类型数值的 3 次方。

（2）任务的代码

```
#include <iostream.h>
void cubeByPointer(double *);      //函数 cubeByPointer 原型声明,指针作为形参
int main()
```

```
{
    double x;
    cout<<"请输入一个数,它的立方值为: ";
    cin>>x;
    cubeByPointer(&x);        //将 x 中的地址传递给函数 cubeByPointer
    cout<<x<<endl;
    return 0;
}
void cubeByPointer(double * xptr)
{
    * xptr=(* xptr)*(* xptr)*(* xptr);
}
```

程序运行结果如下：

```
请输入一个数, 它的立方值为: 28
21952
```

（3）任务小结或知识扩展

被调用函数接收到的是变量地址,在该函数中可以使用间接运算符来修改位于调用者内存中的值。

实践环节

编写一个程序,输出数组地址、数组中第一个元素的地址,并调用函数 total 求该数组中所有元素之和。

- 声明函数 total,该函数的返回类型为 int,有两个形参,一个是 int 类型的指针,另一个是 int 类型变量。
- 定义 main 函数：首先声明并初始化数组 ival；输出 ival 的值；使用数组名 ival 和 10 作为实参调用函数 total,并将 total 的返回值赋给变量 sum。
- 定义函数 total：首先输出形参 int 类型指针 iptr 的值；使用 for 访问 iptr 指向连续 10 个单元的值并累加；最后返回累加值。

```
#include <iostream.h>
int total(int * ,int);
int main()
{
    int ival[10]={80,68,45,37,42,45,84,81,29,59},sum=0;
    【代码 1】: cout<<"ival="<<ival<<endl;
    【代码 2】: sum=total(ival,10);              //ival 传递的是该数组的首地址
        cout<<"ival[0]+ival[1]+ival[2]+…+ival[19]="
            <<sum<<endl;
    return 0;
}
int total(int * iptr,int n)
{
    【代码 3】: cout<<"iptr="<<iptr<<endl;      //iptr 指向数组 ival 的首地址
    int s=0;
    for(int i=0;i<n;i++)
```

```
            s= * (iptr+i)+s;
        return s;
    }
```

【代码 1】与【代码 3】的输出结果是什么？是否相同？

【代码 2】输出的是什么数值？

4.6 递 归 调 用

核心知识

当一个问题可以细分为若干相同的更小问题时,可以使用递归来解决。例如 $x^n = x^{n-1} * x$ 能够使用递归函数。

在一个函数体内包含对它自己的调用时就成为递归。

递归函数的定义体通常包含两种语句:对自身的调用和确保函数不会产生无限递归的终止条件。

例如,power(2,4)的值按照下面的方式进行计算。

$$power(2,4)的值是 power(2,3) * 2;$$
$$power(2,3)的值是 power(2,2) * 2;$$
$$power(2,2)的值是 power(2,1) * 2;$$
$$power(2,1)的值是 power(2,0) * 2;$$
$$power(2,0)的值是 1;(递归终止条件)$$

能力目标

掌握递归调用的语法。

掌握递归函数的定义方式。

了解递归调用。

任务驱动

（1）任务的主要内容

函数 power 的定义基于公式: $x^n = x^{n-1} * x$。编写一个递归函数 power(int x, int n),该函数能够返回 x 的 n 次幂(x 和 n 尽量使用较小的正整数)。

- 声明函数 power,该函数的返回类型为 long,它的两个形参类型都是 int。
- 定义函数 main。该函数的主要步骤:声明相关变量;提示用户输入两个整数作为幂底数和指数;调用函数 power,并用其返回值赋给变量。
- 定义函数 power。该函数的形参为 int 类型变量 x 和 n,x 表示幂底数,n 表示指数。
- 函数 power 的主要步骤:如果 x 的值为 0,则函数返回 1(任何数的 0 次方都是 1);否则,power(x,n)的值将是 power(x,n－1) * x,它将继续调用函数 power(x,n－1)。

（2）任务的代码

```
#include <iostream.h>
long power(int,int);
int main()
{
    int x,n;
    cout<<"请输入幂底数 x=";
    cin>>x;
    cout<<"请输入正整数作为指数 n=";
    cin>>n;
    long result=power(x,n);
    cout<<"x 的 n 次幂是: "<<result<<endl;
    return 0;
}
long power(int x,int n)
{
    if(n=0)                              //当 n=0 时,递归终止
        return 1;
    else
        return x * (power(x,n-1));  //对自身的调用
}
```

程序运行结果如下：

（3）任务小结或知识扩展

设计一个递归函数要注意：包含一个对自身的调用语句；在函数中存在着不需要递归的情况，这一般也叫做递归终止条件。

实践环节

设计一个递归函数 writeVertical(int val)，它能将参数每个位上的数字按照一行写一位的格式竖直排列。

- 如果 val<10，输出数字 val 的值；
- 否则，说明 val 有多位，首先使用 val/10 作为参数调用函数自身，再输出 val％10 输出 val 的最后一位。

4.7 函 数 重 载

核心知识

C++ 允许多个函数拥有相同的函数名，根据不同的参数表提供相同的操作。这些同名函数成为重载函数。例如下面语句就是重载函数原型。

```
int   add(int ,int);
```

```
int  add( int,int,int);
```

在存在多个同名函数时,C++根据实参选择其中一个去执行。具体步骤如下:

首先,选择重载函数中与调用精确匹配的函数。根据实参的数目和类型,选择可以严格调用的函数,形参和实参之间不需要做类型转换。

其次,选择一个能够进行隐式类型转换的匹配函数。实参不能直接与形参匹配,但是自动转换为形参类型。

最后,通过用户自定义的数据类型转换,将实参转换成形参类型,进行函数匹配。

能力目标

掌握函数重载的方法。

掌握函数调用时参数匹配的原则。

理解函数重载的意义。

任务驱动

任务一

(1) 任务的主要内容

- 声明函数 add,返回类型是 int,两个形参也是 int 类型。
- 声明函数 add,返回类型为 double,两个形参也是 double 类型。
- 定义函数 main,分别使用两组参数调用函数 add。测试函数调用时根据实参类型匹配相应的代码。
- 定义函数 add,该函数的参数是两个 int 类型变量,其返回值类型也是 int。函数功能是两个参数相加并返回结果。
- 定义函数 add,该函数的参数是两个 double 类型变量,返回值类型是 double。函数功能是两个参数相加并返回结果。

(2) 任务的代码

```cpp
#include <iostream.h>
int add(int ,int);              //函数名相同,参数类型不同,构成重载
double add(double ,double);     //函数名相同,参数类型不同,构成重载
int main( )
{
    cout<<add(5,10)<<endl;      //调用 int add(int ,int)
    cout<<add(5.0,10.5)<<endl;  //调用 double add(double ,double)
    return 0;
}
int add(int x ,int  y)          //函数定义
{
    return x+y;
}
double add(double x ,double y)  //函数定义
{
    return x+y;
```

```
}
```

程序运行结果如下：

```
15
15.5
```

（3）任务小结或知识扩展

函数重载是指同一个函数名可以对应着多个函数的实现。每种实现对应一个函数体，这些函数的名字相同，但是函数的参数的类型或者参数的个数不同。调用函数在调用被调用函数时，根据参数的类型来确定具体调用哪个函数。

任务二

（1）任务的主要内容

某市 2012 年公务员报考结束并公布统计数据。行政执法类职位包含两种，总报考人数分别是 1907 人和 5662 人，计划招录职位人数是 121＋842；该同学关注的职位报考人数为 5662，招录职位人数 842 人。根据网上的数据某同学开发程序进行分析，以关注自己申报的职位是否热度较高（热度＝报考人数/计划招录职位人数）。

- 声明函数 rate，它的返回类型为 int，形参是两个 int 类型变量。
- 声明函数 rate，它的返回类型为 int，形参是四个 int 类型变量。
- 定义 main 函数，输入数据并比较热度。
- 定义 rate 函数，该函数有两个参数，分别是报考人数和职位数，该函数计算出每个职位大约有多少人关注，并返回结果。
- 定义 rate 函数，该函数的四个参数，是同类别两种职位的报考人数和职位数，该函数计算出该类别职位大约有多少人关注，并返回结果。

（2）任务的代码

```cpp
#include <iostream.h>
int rate(int ,int);
int rate(int ,int,int ,int);
int main( )
{
    int r1=rate(5662,842);
    int r2=rate(1907,121,5662,842);
    if(r1<r2)
        cout<<"你申报的职位热度为"<<r1<<",低于平均热度"<<r2<<endl;
    else
        cout<<"你申报的职位热度过高"<<endl;
    return 0;
}
int rate(int person,int position)
{
    return person/position;
}
int rate(int person1,int position1,int person2,int position2)
{
```

```
    return (person1+person2)/(position1+position2);
}
```

程序运行结果如下：

你申报的职位热度为6.低于平均热度7

（3）任务小结或知识扩展

重载函数至少在参数个数、参数类型或参数顺序上有所不同。如果同名的两个函数形参表相同仅返回类型不同，将不构成重载。

实践环节

写一个函数定义，函数名为 inOrder，它有三个 int 类型的参数，如果三个参数都是按照从小到大的顺序排列，则返回值为 true；否则为 false。例如，inOrder(5,8,9) 和 inOrder(7,8,8) 的返回值为 true，inOrder(3,1,2) 的返回值为 false。

再定义同名函数 inOrder，它有两个 int 类型的参数，如果两个参数都是按照从小到大的顺序排列，则返回值为 true；否则为 false。

定义 main 函数，使用不同的数值测试两个同名函数，观察函数调用情况。

4.8 变 量

核心知识

C++ 中变量一般分为局部变量和全局变量。局部变量在函数内部声明，它只能在该函数内使用；在任何函数的定义之外声明的变量称为全局变量，它的作用域是从声明该变量的位置开始到整个程序结束处。

如果这个全局变量使用 const 修饰，那么可以称为全局常量。

使用关键字 static 修饰的局部变量成为静态局部变量。

能力目标

理解全局变量、全局常量的作用。

掌握全局变量、全局常量的用法。

掌握局部变量的用法，能够使用静态局部变量。

任务驱动

任务一

（1）任务的主要内容

小王坚持买东西时要看单位面积的价格才能得到正确的判断。她举例说比萨饼的大小由它的直径表示，例如 9 英寸、12 英寸等，但比萨饼的分量由其面积决定。为将这一理论应用到生活中，她开发一个程序，计算当前某比萨饼店的 9 英寸和 12 英寸的比萨饼哪个每平方英寸的价格最低。网上数据：某口味比萨 9 英寸 58 元，12 英寸 128 元。

- 声明全局变量 int 类型 diameter 和 double 类型 price，分别表示比萨饼的直径和价格。
- 声明函数 getData，该函数没有返回值，也没有参数。
- 声明函数 unitPrice，该函数的返回类型是 double，两个形参的类型分别是 int 和 double。
- 定义 main 函数，该函数提示用户输入比萨饼的尺寸和价格，调用函数 getData 为全局变量赋值，然后调用函数 unitPrice 并输出单位面积价格。
- 定义函数 getData，该函数没有参数和返回值。功能是接收用户输入初始化全局变量。
- 定义函数 unitPrice，该函数有两个参数：int 类型 d 表示直径，double 类型的 p 表示价格。其功能是计算比萨饼每平方英寸价格并返回。

（2）任务的代码

```
#include <iostream.h>
void getData();                    //该函数接收用户输入的比萨饼直径和价格
double unitPrice(int,double);      //该函数计算出每平方英寸的价格
const double PI=3.1415;            //声明 const 修饰的全局变量 PI
int diameter=0;                    //声明全局变量
double    price=0.0;               //声明全局变量
int main()
{

    char option;                   //声明局部变量
    double    p;                   //声明局部变量
    do{
        getData();
        p=unitPrice(diameter,price);     //使用全局变量作为实参调用函数 unitPrice
        cout<<"您选中的比萨饼每平方英寸的价格是："<<p <<endl;
        cout<<"您要继续比较吗?(输入'#'结束)"<<endl;
        cin>>option;               //接收用户输入初始化局部变量 option
    }while(option!='#');
    return 0;
}
void getData()
{
    cout<<"请输入您想买的比萨饼的直径"<<endl;
    cin>>diameter;                 //接收用户输入初始化全局变量 diameter
    cout<<"请输入您想买的比萨饼的价钱"<<endl;
    cin>>price;                    //接收用户输入初始化全局变量 price
}
double unitPrice(int d,double p)   //形参 d 和 p 都是局部变量
{
    double radius,area;            //声明局部变量 radius,area
    radius=d/2;
    area=PI * radius * radius;
    return    p/area;
}
```

程序运行结果如下：

（3）任务小结或知识扩展

- 分配给全局变量的内存，直到程序结束时才释放。通常建议把程序中的所有全局变量声明放在一起，把函数原型放在一起。

- 在一个程序中有多个函数需要对同一变量进行处理，可以使用全局变量在函数间传递数据。

- 由于局部变量限定在声明它的函数内，所以不同的函数中可以声明相同变量名的局部变量，编译器自动进行识别。本例中 main 函数中声明的变量 p 与 unitPrice 函数中的形参 p 不构成冲突。

任务二

（1）任务的主要内容

某次市场调查中将问卷随机发给 A、B 组同学，每组 10 位同学，请他们对产品进行评测：满意度从 0 分到 10 分，超过这个分值范围将视为弃权。A 组问卷数据为：9，3，8，−8，6，17，9，11，9，5；B 组问卷数据为：11，8，4，6，7，8，7，6，5，9。

请根据下面的要求开发程序。

- 声明函数 number，返回类型为 int，形参分别是一个 int 类型的指针和 int 类型变量。

- 声明函数 rate，返回类型为 double，形参是两个 int 类型变量。

- 定义函数 main，该函数提供数据，根据调查结果两次调用函数 number，第一次调用得到 A 组有效评测人数；第二次调用得到两组有效评测人数。接着调用 rate 函数，输出意愿比率。

- 定义函数 number，该函数定义一个 static 修饰的局部变量，该局部变量能够统计进行有效评测（评测分数在 0 到 10 之间）的人数并将其返回给主调函数。

- 定义函数 rate，该函数计算接受问卷调用的意愿比率，该比率是两次评测中有效评测人数与所有参与者之商。

（2）任务的代码

```
#include <iostream.h>
int number(int * ,int);
double rate(int,int);
int main()
{
    int A[10]={9,3,8,-8,6,17,9,11,9,5};
```

```
        int B[10]={11,8,4,6,7,8,7,6,5,9};
        cout<<"A组中的有效评测人数是: "<<number(A,10)<<endl;
        int count=number(B,10);              //局部变量
        cout<<"两组中的有效评测人数是: "<<count<<endl;
        cout<<"参与调查的意愿比率为: "<<rate(20,count)<<endl;
        return 0;
}
int number(int * iptr,int size)
{
        static int n=0;                      //静态局部变量
        int i;                               //局部变量
        for(i=0;i<size;i++)
            if(* (iptr+i)>=0&& * (iptr+i)<=10)
                n++;
        return n;
}
double rate( int total,int count)
{
        return double(count)/total;
}
```

程序运行结果如下：

```
A组中的有效评测人数是: 7
两组中的有效评测人数是: 16
参与调查的意愿比率为:0.8
```

（3）任务小结或知识扩展

- 静态局部变量是用关键字 static 修饰的局部变量。它一旦被分配空间,在整个程序运行时都不会释放。也就是说,静态局部变量虽然只能在声明它的函数中使用(而不能在其他函数中使用,这与普通函数相同),但是函数执行结束时,其他局部变量的内存空间被释放而它依旧存在,直到整个程序结束。

- 由于在整个程序运行期间静态局部变量一直存在,当函数被多次调用时,静态局部变量将使用上次函数调用时保留下来的值而不再重新进行初始化。

实践环节

在任务二的代码中,增加函数 ave,该函数能够计算本次调查的平均满意度(有效评测分数/有效评测人数)。

本 章 小 结

- 函数原型声明函数的返回类型、函数希望接收的参数个数或类型。常见格式是：

    返回值类型 函数名 (数据类型,数据类型,…)

- 函数中的参数可以是常量、变量或各种表达式。

- 没有返回值的函数声明是 void 类型。

- 定义函数一般包括：

　　函数名　　　　能够描述函数的功能；

　　返回值类型；

　　详细说明形参列表　　声明每个参数的类型和名字；

　　大括号对　　将函数体封闭。

- return 语句可以返回控制，可以返回一个变量、常量或表达式，也可以使用 return 语句直接调用函数。
- 调用函数时包括：

　　指定函数名，后面跟着一对括号，其内部是使用逗号分隔的实参列表；

　　确定实参的个数、数据类型和顺序应该与形参保持一致。

- 当发生函数调用时，控制从调用语句直接转移到被调用函数。当被调用函数执行完毕之后，再将控制交给调用点。
- 当按值传递调用函数时，形参的值是实参的拷贝，形参无法修改实参。
- 通过引用传递参数，一般在形参的数据类型之后带上"&"。发生函数调用时，将为实参代表的内存单元建立一个引用，由此在被调函数中形参和实参修改的是同一块内存单元的值。
- 数组传递给形参时，形参实际上得到的是数组的起始地址。一般情况下，数组作为参数时，还需要一个参数指定数组的大小。
- C++ 允许函数名首次出现时在其形参中带有默认参数。其默认值必须在形参列表中最右侧的位置出现。默认值可以是变量、常量甚至是函数调用。
- 所谓重载就是指拥有一个函数名、不同的形参列表（其参数个数、参数类型、参数顺序有所不同）的多个函数组成的集合。
- 返回值类型不能区分出重载时函数的不同。
- 发生函数重载时，编译器根据参数来决定到底要执行哪段代码。
- 全局变量的声明放在任何函数之外，在整个程序运行过程中内存都不释放空间。
- static 修饰的局部变量在退出声明它的函数时，它的内存空间不会释放，其值保持不变。
- 递归函数在每次调用自身时，问题就被分解得更细更小，直到成为基本情况（这个就是递归的终止条件）。此时根据基本情况将结果返回给前一次的函数调用，并将后续结果意义返回，直到回到最初的函数调用得到最终结果。

习　题　4

1. C++ 把程序模块称为＿＿＿＿＿＿＿ 。

2. 函数是通过＿＿＿＿＿＿ 进行调用的。

3. 定义在函数内部的变量称为＿＿＿＿＿＿ 变量。

4. 在函数头，使用关键字＿＿＿＿＿＿ 表示函数没有返回值，或者表明该函数没有参数。

5. 通过直接或间接方式调用自身的函数是＿＿＿＿＿＿ 函数。

6. 函数重载是指函数名＿＿＿＿＿＿而参数不同的多个函数集合。

7. 在任何程序块或函数之外声明的变量称为＿＿＿＿＿＿ 变量。

8. 为了使函数的局部变量在被多次调用时保留上次调用时的值,使用关键字_____修饰。

9. 编写一个程序,它使用函数 volume 来提示用户输入球的半径,通过赋值语句 volume＝(4.0/3) * 3.14159 * pow(radius,3)来计算并输出该球的体积。

10. 编写一个程序,从键盘输入 3 个整数,显示这 3 个整数的平均值和最小值。

11. 编写一个程序,要求用户输入 3 个整数,显示并输出这 3 个数的和、平均数、最大数和最小数。

12. 计算机在教育中扮演的角色越来越重要,开发一个程序帮助小学生进行 0 到 100 之间的加减乘除计算。具体要求是使用 rand 函数生成两个 0 到 100 之间的数赋给变量 a 和 b,程序显示:a＋b＝? 学生输入答案。程序对学生的答案进行检查。如果正确,则显示"答对了!你真棒!";如果答案错误,那么再次做同样的题,直到给出正确的答案为止。

13. 编写一个程序,读入一个整数并判断该整数中出现几个"7"。

14. 编写程序判断并显示在 100 到 10 000 之间的所有质数(提示:质数是只能被自己和 1 整除的数)。

15. 两个整数的最大公约数(GCD)是能够整除这两个整数的最大整数。编写函数 gcd,该函数能够接收两个整数,并返回最大公约数。

16. 回文是指顺读和逆读都一样的数字,例如 12 321、88 888、55 755 和 27 772。编写一个程序读入一个 5 位的数字,判断该整数是否是回文数(提示:使用整除和求余运算将整数分解成为单个数字)。

17. 美国某停车场的最低收费是 2 元,可以停车 3 小时;当超过 3 小时,每小时额外收费 0.5 元;如果停车 24 小时,则收费 20 元。开发一个程序,计算并显示昨天在停车场停车的 3 个顾客中每个人的停车费用。注意以简洁表格的方式输出。

编号	停车时间(小时)	费用
1	2.5	2
2	4	2.5
3	24	10
总计:	29.5	14.5

18. 某店铺的员工收入是基本工资＋销售提成:员工每周 300 元,加上本周销售总额的 9％作为提成。例如,一周内销售额为 5000 元的员工工资构成为:300＋5000 * 0.09,总计 750 元。开发一个程序,提示输入员工的周销售额,计算并显示每个员工的工资。

第 5 章

类

面向对象的第一大特征是封装性。类把数据成员和函数成员封装成一个整体,形成一种用户自定义的数据类型。类的成员可以被 3 种访问控制符修饰,它们分别是:public(公有)、protected(保护)和 private(私有)。凡声明为公有的成员可以类外访问,凡保护的和私有的这部分成员被设置为隐藏,仅提供给类内部或者该类的友元使用。

所有定义在类内的函数成员都默认为具有内联(inline)属性。类的设计者将不修改对象数据的函数成员设置为常成员(const),将属于类中所有对象拥有的数据成员和函数成员设为静态的(static)。

由于一个类可以声明很多对象,这些对象各自具有独立的内存单元,又可以调用同一块代码段对内存进行操作,所以使用对象调用普通函数成员时,编译器隐含地传递一个参数——this 指针,该指针指向正在调用该函数成员的对象。由于静态成员属于类,它不依附于对象存在,所以静态成员没有 this 指针。

5.1 类 的 定 义

核心知识

类是用户定义的数据类型,它的定义包括两部分:类头,由关键字 class 和标识符(类名)组成;类体,由一对花括号及其中的语句组成。类的定义以分号作为结束符。

```
class Point    //定义类名为 Point
{
       //类体定义
};       //类定义结束,分号不能省略,否则将导致语法错误
```

- 类体定义中,包含数据成员和函数成员的说明。例如:

```
class Point
{
       int x,y;               //数据成员
       void  set(int a,int b);  //函数成员
};
```

- 数据成员可以是任何合法的 C++ 类型,包括整型、指针、结构体,甚至是类类型。除了静态(static)数据成员,类的数据成员不能在类中声明它的地方初始化,而应该在函数成员中为数据成员赋值。例如:

```
class Person
{
        char * name="Tommy";     //错误
        float height,weight;
        int   personID;
};
```

能力目标

能够选择数据成员和函数成员创建类。

能够在类外定义函数成员。

能够创建和使用对象。

能够通过对象对类的数据成员和成员函数进行访问。

任务驱动

任务一

（1）任务的主要内容

定义一个 Dog 类，它没有数据成员，只有一个函数成员 cry。

（2）任务的代码

```
#include <iostream.h>
class Dog
{
    public:
        void cry()              //函数成员 cry 在类内定义
        {
            cout<<"狗狗能汪汪"<<endl;
        }
};                              //类定义结束
int main()
{
    Dog littledog;              //定义 Dog 类对象
    littledog.cry();            //通过对象名和点操作符访问 public 成员
    return 0;
}
```

程序运行结果如下：

狗狗能汪汪

（3）任务小结或知识扩展

类是一种新的数据类型，是具有属性（使用数据成员表示）和行为（成员函数）的对象模型。

任务二

（1）任务的主要内容

设计一个 Circle 类，它的属性是 radius，成员函数有 set 和 perimeter，在 main 函数中定义一个对象,通过对象和指针调用类的函数成员。具体说明如下。

- 在 Circle 类中声明数据成员:double 类型的 radius(该成员代表圆的半径);
- 在 Circle 类中声明函数成员 set:返回类型是 void,它唯一的形参是 double 类型;
- 在 Circle 类中声明函数成员 perimeter:返回类型是 double,没有形参;
- 在类外定义函数成员 set,功能是使用形参为数据成员 radius 赋值;
- 在类外定义函数成员 perimeter,功能是计算圆的周长并返回;
- 定义 main,声明 Circle 类型的变量 c(又称对象)和指针 ptr;
- 通过对象 c 调用函数成员 set,将对象 c 的半径置为 10;
- 用 c 的地址为指针 ptr 赋值(从此 ptr 指向对象 c 的内存地址);
- 分别使用对象 c 和指针 ptr 调用函数成员 perimeter,获得对象的周长。

(2) 任务的代码

```
#include<iostream.h>
class Circle
{
    private:
        double radius;          //声明数据成员
    public:
        void set(double);       //类内声明函数成员 set
        double perimeter();     //类内声明函数成员 Perimeter
};                              //类定义结束
void Circle::set(double r)      //类外定义函数成员 set
{
    radius=r;
}
double Circle::perimeter()      //类外定义函数成员 Perimeter
{
    return 2 * 3.14 * radius;
}
int main()
{
    【代码1】:                    //声明 Circle 类型的变量 c 和指针 ptr
    【代码2】:                    //通过对象名 c 和点操作符访问函数成员
    【代码3】:                    //用对象 c 地址给指针 ptr 赋值
    cout<<"Circle类的对象 c 的周长是"<<c.perimeter()<<endl
        <<"Circle类指针 ptr 指向的对象周长是"<<ptr->perimeter()<<endl;
    //指针 ptr 和箭头操作符访问函数成员 perimeter
    return 0;
}
```

程序运行结果如下:

```
Circle类的对象c的周长是62.8
Circle类指针ptr指向的对象周长是62.8
```

(3) 任务小结或知识扩展

- 在类中只能声明数据成员,不能初始化。只有定义对象之后,这些数据成员随着对象的产生被分配内存单元,才可以初始化、赋值。

- 在类外定义成员函数时,要将"类名::"写在成员函数名前,否则编译器会认为该函数是一个普通函数。
- 对象访问成员时,使用点操作符;类类型指针访问成员使用箭头操作符。

(4) 代码模板的参考答案

【代码 1】: Circle c,＊ptr;
【代码 2】: c.set(10);
【代码 3】: ptr=&c;

实践环节

在任务二的类中增加函数成员 area,它能计算当前对象的面积。具体要求如下:
- 在类中声明函数成员 area,返回类型为 double,没有形参;
- 在类外定义 area,该函数使用公式"3.14 ＊ radius ＊ radius"计算圆面积;
- 在 main 函数中使用对象 c 和指针 ptr 调用函数 area,并输出返回值。

5.2　控制访问成员

核心知识

类成员的访问控制权限是由 public、protected、private 指定,这三个关键字称为访问控制符。访问控制符决定其后成员的可见性。一个访问控制符设定的可访问状态一直持续到下一个访问控制符出现,或遇到类声明结束。

函数成员放在 public 区内,主要完成类的对象可能需要的操作。一般将数据成员设定为私有的,以便向外部隐藏类内部信息,以此避免用户受类的内部数据变化带来的影响。为此,类需要提供一些成员函数操作对象中的数据,并且使它能够在程序的任何位置调用,所以把这样的成员函数设置为公有的。

private 函数成员只能被类的其他函数和友元调用,类外的程序无法调用它们。因此,它们一般为其他函数提供支持。

protected 成员在不涉及继承时,与 private 成员一致。

如果没有标明访问控制权限,则类中成员被默认是 private 的。

能力目标

掌握关键字 public 和 private 在类中的作用。

能够使用对象访问类的函数成员。

任务驱动

任务一

(1) 任务的主要内容

设计一个类 Door,它有一个数据成员记录门的状态(开或者关),还有函数成员 set、

openDoor 和 isOpen。具体的要求如下：

- 在类 Door 中声明 private 的数据成员：bool 类型的 open。
- 在类中声明 public 的函数成员 set,返回类型为 void,有一个 bool 类型的形参。
- 在类中声明 public 的函数成员 openDoor,返回类型为 void,没有形参。
- 在类中声明 public 的函数成员 isOpen,返回类型为 bool,没有形参。
- 在类外定义 set,该函数能够为数据成员 open 赋值。
- 在类外定义 openDoor,该函数首先判断当前状态(open)：如果 open＝true,则提示用户门已经开了；否则,将 open 的值置为 true。
- 在类外定义 isOpen,该函数返回数据成员 open 的值。
- 在 main 函数中声明对象 theDoor。
- 使用对象名 theDoor 用常量 false 作为实参调用函数 set。
- 使用对象名 theDoor 调用 isOpen 和 openDoor。

（2）任务的代码

```cpp
#include <iostream.h>
class Door
{
    private:
        bool open;
    public:
        void  set(bool);       //函数 set 的返回类型为 void,唯一的形参类型为 bool
        【代码 1】:              //函数 openDoor 的返回类型为 void,没有形参
        【代码 2】:              //函数 isOpen 的返回类型为 bool,没有形参
};
        【代码 3】:              //定义函数成员 set
{
    open=b;
}
void Door::openDoor()
{
    if(open)
        cout<<"门已经开了"<<endl;
    else
    {
        open=true;
        cout<<"这就打开门"<<endl;
    }
}
bool Door::isOpen()
{
  . return open;
}
int main()
{
    【代码 4】:                  //声明 Door 类型变量 theDoor
    【代码 5】:                  //使用对象名 theDoor 用常量 false 作为实参调用函数 set
    cout<<"对象 theDoor 的数据成员 open 的值为"<<theDoor.isOpen()<<endl
```

```
        theDoor.openDoor();
        return 0;
}
```

程序运行结果如下：

```
对象theDoor的数据成员open的值为0
这就打开门
```

（3）任务小结或知识扩展

• 一般情况下建议将私有成员使用 private 标注，不要理会默认的 private 权限。

• 建议使用这样的方式设计类的访问控制：类中的所有数据成员都是 private，提供 public 函数成员来设置、得到 private 数据成员的值。这种方式使类的使用者无法看到类的实现，能够减少错误。

（4）代码模板的参考答案

【代码 1】: void openDoor( );
【代码 2】: bool isOpen( );
【代码 3】: void   Door::set(bool b)
【代码 4】: Door theDoor;
【代码 5】: theDoor.set(false);

任务二

（1）任务的主要内容

设计一个类 RMB，该类的数据成员为：yuan、jiao 和 fen。设置一个私有的函数成员 set，它对数据成员进行赋值。

• 在类 RMB 中声明访问控制为 private 的 int 类型的数据成员 yuan、jiao 和 fen，来代表人民币中的元、角、分；

• 在类 RMB 中声明访问控制为 private 的函数成员 set，它的返回类型为 void，有 3 个 int 类型的变量作为形参；

• 在类 RMB 中声明访问控制为 public 的函数成员 RMB，它没有返回类型，有 3 个 int 类型的变量作为形参；

• 在类 RMB 中声明访问控制为 public 的函数成员 print，它的返回类型为 void，没有形参；

• 在类外定义函数成员 set，该函数能够为数据成员赋值；

• 在类外定义函数成员 RMB，它调用 set 函数；

• 在类外定义函数成员 RMB，输出当前对象的数据成员。

（2）任务的代码

```
#include <iostream.h>
class RMB
{
    private:
        int yuan,jiao,fen;
```

```
            void set(int,int,int);
        public:
            【代码1】:        //声明函数成员 RMB,它没有返回类型,有 3 个 int 类型的变量作为形参
            void print();
};
void RMB::set(int y,int j,int f)
{
    yuan=y;
    jiao=j;
    fen=f;
}
RMB::RMB(int x,int y,int z)
{
    【代码2】:        //以 x、y 和 z 为实参调用函数成员 set
}
void RMB::print()
{
    cout<<yuan<<"元"<<jiao<<"角"<<fen<<"分"<<endl;
}
int main()
{
    RMB r1(10,3,8);
    【代码3】:        //使用对象名 r1 调用函数成员 print
    r1.set(5933,6,9);    //错误,类外不能访问类中的 private 成员
    return 0;
}
```

程序运行结果如下:

```
10元3角8分
```

(3) 任务小结或知识扩展

- 函数成员无论在类体内定义,还是在类外实现,都可以直接访问类内定义的所有成员。
- 类的 private 成员能够由该类的成员或该类的友元来访问;public 成员可以被程序中的任何函数访问。

(4) 代码模板的参考答案

【代码1】: RMB(int,int,int);
【代码2】: set(x,y,z);
【代码3】: r1.print();

实践环节

设计一个类 complex,对复数进行输出。其中有两个数据成员 realPart 和 imagePart 分别表示复数的实部和虚部;提供一个构造函数,通过它在声明时初始化这个类对象,它应该包含默认值,以处理没提供初始值的情况;提供一个输出函数 print,将该类对象以 realPart +imagePart * i 的方式输出。

5.3 函数成员的特性

核心知识

　　C++ 中的函数调用需要建立栈环境,进行参数复制,保护调用现场等工作;执行完调用函数之后,需要将返回值进行复制,恢复现场。当某函数频繁调用时可能影响整个程序的运行效率。

　　将一个函数(可以是被频繁调用的普通函数,或者类的成员函数)声明是内联的(inline),能够减少程序调用时的开销,它"建议"编译器在调用它的位置产生函数代码的复制,而不是频繁进行断点保护和现场恢复。值得注意的是,如果程序较大,则需要在调用函数的每个地方重复复制代码,这会使得代码膨胀,在速度上面得到的好处将会被抵消,所以在下面的情况下,编译器将不执行内联。

　　(1)函数太复杂。例如任何循环语句都被认为是复杂语句,编译器不会将它们扩展为内联。

　　(2)函数内语句过多。

　　(3)如果需要显式或隐式地获得函数地址,则编译器也不执行内联。例如,递归函数一般不设计为内联的。

　　内联(inline)成员函数定义方式有两种:一种是在类体内定义成员函数,这些成员函数被自动当做内联函数处理;另一种是在成员函数返回类型前加关键字 inline,声明该函数是内联的。

能力目标

　　理解内联函数的概念,以及内联函数的适用范围。
　　明确在类中函数成员的 inline 属性。
　　掌握函数成员的重载。

任务驱动

任务一

(1)任务的主要内容
设计一个类 Bell,具体要求如下:
- 在类 Bell 中声明访问控制为 private 的 bool 类型的数据成员 status,表示响铃状态。
- 在类 Bell 中定义访问控制为 public 的函数成员 closeBell,它的返回类型为 void,没有形参,函数功能是将数据成员设置为 false。
- 在类 Bell 中声明访问控制为 public 的函数成员 RMB,它没有返回类型,有 3 个 int 类型的变量作为形参。
- 在类 Bell 中声明访问控制为 public 的函数成员 setBell,它的返回类型为 void,有一个 bool 类型的参数。
- 在类 Bell 中声明访问控制为 public 的函数成员 ringBell,它的返回类型为 void,没有参数。

- 在类外定义函数成员 setBell，并声明它为 inline，该函数能够为数据成员赋值。
- 在类外定义函数成员 ringBell，并声明它为 inline，判断数据成员是否为真，如果为真，则响铃；否则提示用户。
- 在 main 函数中声明 Bell 类型对象，访问函数成员。

（2）任务的代码

```cpp
#include <iostream.h>
class Bell
{
    private:
        bool status;
    public:
        void closeBell()
        {
            status=false;
        }
        void setBell(bool);
        void ringBell();
};
inline  void Bell::setBell(bool b)
{
    status=b;
}
inline  void Bell::ringBell()
{
    if(status)
    {
        for(int i=0;i<3;i++)
            cout<<"正在响铃"<<'\a'<<endl;
    }
    else
        cout<<"响铃设为关闭状态"<<endl;
}
int main()
{
    Bell littleBell;
    littleBell.setBell(true);
    littleBell.ringBell();
    littleBell.setBell(false);
    littleBell.ringBell();
    return 0;
}
```

程序运行结果如下：

（3）任务小结或知识扩展

类中的内联函数一般有两种：一种把函数的定义写在类体内，这样的函数被默认为具有内联属性，例如函数成员 closeBell；另一种在类外的函数成员前加关键字 inline，例如 setBell 等。

任务二

（1）任务的主要内容

创建一个类 Timer，重载其中的成员函数。具体要求如下：

- 声明 private 的数据成员，int 类型的 minutes；
- 定义 public 的函数成员 settimer，返回类型为 void，其参数类型为 char 型指针，函数功能是设置数据成员的值；
- 定义 public 的函数成员 settimer，返回类型为 void，其参数是两个 int 类型变量，函数功能是设置数据成员的值；
- 定义 public 的函数成员 settimer，返回类型为 void，其参数是 double 类型，函数功能是设置数据成员的值；
- 定义 public 的函数成员 getminutes，返回类型为 int，无参数，该函数返回数据成员的值。

（2）任务的代码

```cpp
#include <iostream.h>
#include <stdlib.h>                //包含函数 atoi 的声明或定义
class Timer
{
    private:
        int minutes;
    public:
        void settimer(char * m)    {
            minutes=atoi(m);      //函数 atoi 将字符串转换为 int 型
        }
        void settimer(int h,int m)
        {       minutes=h * 60+m;          }
        void settimer(double h)
        {       minutes=(int)h * 60;       }
        int getminutes()
        {       return minutes;      }
};
int main()
{
    Timer start,finish;
    start.settimer(9,56);         //设置开始时间为 9：56
    finish.settimer(14,13);       //设置终止时间为 14：13
    cout<<"finish.settimer(14,13)-start.settimer(9,56)="
    <<finish.getminutes()-start.getminutes()<<endl;
    start.settimer(9.56);         //设置开始时间为 9：56
    finish.settimer("1800");
```

```
        cout<<"finish.settimer(14,13)-start.settimer(\"1800\")="
        <<finish.getminutes()-start.getminutes()<<endl;
        return 0;
}
```

程序运行结果如下：

```
finish.settimer(14,13)-start.settimer(9,56)=257
finish.settimer(14,13)-start.settimer("1800")=1260
```

(3) 任务小结或知识扩展

在一个类中的函数成员也可以重载：函数名相同，参数个数、类型与顺序有所不同即可。

实践环节

阅读下面的代码，给出运行结果。

```cpp
#include <iostream.h>
class M
{
    private:
        int X,Y;
    public:
        M(int x,int y) {X=x;Y=y;}
        M(int x) {X=x;Y=x*x;}
        int Add(int x,int y);
        int Add(int x);
        int Add();
        int Ycout() {return Y;}
        int Xcout() {return X;}
};
int M::Add(int x,int y)
{
    X=x;    Y=y;
    return X+Y;
}
int M::Add(int x)
{
    X=Y=x;
    return X+Y;
}
int M::Add()
{
    return X+Y;
}
void main()
{
    M a(10,20),b(4);
    cout<<"a="<<a.Xcout()<<","<<a.Ycout()<<endl;
    cout<<"b="<<b.Xcout()<<","<<b.Ycout()<<endl;
```

```
        int i=a.Add();
        int j=a.Add(3,9);
        int k=b.Add(5);
        cout<<i<<endl<<j<<endl<<k<<endl;
}
```

5.4 特殊函数成员

核心知识

　　类中存在一组成员函数能够对对象进行初始化、赋值、类型转换和析构工作。这些特殊成员函数由编译器隐式调用。其中能够初始化对象的成员函数称为构造函数(constructor),当用户定义一个类对象,或者使用 new 申请分配一个对象空间时都会调用该函数。构造函数与类名同名,没有返回类型,可以重载。C++规定每个类必须有至少一个构造函数,没有构造函数,则无法创建对象。

　　一个对象生命期结束时,析构函数被调用。析构函数与类同名,前面加上一个前缀"～",表示它将完成构造函数的反操作,即完成对象的清理工作。一个类中只能有一个析构函数,并且该析构函数不能有参数,没有返回值。

　　构造函数和析构函数默认都是 public。

能力目标

　　理解构造函数和析构函数的作用。

　　能够使用构造函数初始化任意类型的数据成员。

　　掌握构造函数和析构函数的定义和调用方式。

任务驱动

任务一

(1) 任务的主要内容

　　设计一个类 Tree,它的属性只有简单的 height,它的成员函数分别是构造函数和析构函数,注意这两个函数的作用和调用次序。

- 声明 private 的数据成员: int 类型的 height。
- 定义 public 的函数成员 Tree,它没有返回类型,唯一的参数是 double 类型。该函数设置数据成员。
- 定义 public 的函数成员～Tree,它没有返回类型,不带参数,是 double 类型。
- 在 main 函数中声明 Tree 类型对象,注意函数成员的调用方式和次序。

(2) 任务的代码

```
#include<iostream.h>
class Tree
{
```

```
    private:
        double height;
    public:
        Tree(double h)              //构造函数与类同名,没有返回类型
        {
            height=h;
            cout<<"构造函数 Tree()正在执行,它用来创建并初始化对象"<<endl;
        }
        ~Tree()                     //析构函数的名称是字符'~'加上类名
        {
            cout<<"析构函数~Tree()正在执行,它用来撤销对象"<<endl;
        }
};
int main()
{
    Tree tree1(10.35);
    return 0;
}
```

程序运行结果如下:

```
构造函数Tree()正在执行,它用来创建并初始化对象
析构函数~Tree()正在执行,它用来撤销对象
```

(3) 任务小结或知识扩展

- 构造函数将被自动调用来创建对象。对象的数据成员必须在构造函数中初始化,或者创建对象后重新设置;声明类对象时,必须在对象名右边、分号之前的括号中提供参数。这些初始值将作为参数传递给类的构造函数。
- 析构函数没有任何参数,也没有返回值。类中只有一个析构函数,不允许析构函数重载。
- 构造函数和析构函数被自动调用。不能像调用其他函数成员一样显式调用。

任务二

(1) 任务的主要内容

设计一个类,它的数据成员是一个整数,函数成员包含:构造函数、析构函数和设置函数。该类的作用是计算阶乘。

(2) 任务的代码

```
#include<iostream.h>
class Factorial
{
    private:
        int n;
    public:
        Factorial(int nval)
        {
            n=nval;
            cout<<"Factorial()正在执行,用来创建并初始化对象"<<endl;
```

```
        }
        ~Factorial()
        {
            cout<<"~Factorial 正在执行,用来撤销析构对象"<<endl;
        }
        int calc();
};
int Factorial::calc()
    {
        int result=1;
        for(int i=1;i<=n;i++)      //n 是类中的数据成员
            result=result * i;
        cout<<"在函数成员 calc 中,它的返回值是: "<<result<<endl;
        return result;
    }
int main()
{
    Factorial f(6);
    f.calc();
    return 0;
}
```

程序运行结果如下:

```
Factorial()正在执行，用来创建并初始化对象
在函数成员calc中,它的返回值是: 720
~Factorial正在执行，用来撤销析构对象
```

(3) 任务小结或知识扩展

构造函数和析构函数都是自动调用的。这些函数的调用次序取决于对象声明顺序。一般情况下,将按照构造函数调用的逆序调用析构函数。

实践环节

设计一个类 Point,它有两个数据成员,x 和 y 分别记录某个点的坐标。声明三个该类对象,判断能够构成一个三角形。

5.5　const 修饰数据成员

核心知识

将类中用关键字 const 修饰的数据成员称为常数据成员。由于 const 修饰的变量或对象表示其值不允许改变,所以 const 变量或对象必须初始化。通常情况下构造函数对常数据成员进行初始化时只能通过初始化列表进行,其他函数不能对常数据成员进行赋值。

能力目标

掌握常数据成员声明和初始化语法。

能够指定和使用 const 数据成员和 const 对象。

能够使用函数成员访问或修改 const 数据成员。

任务驱动

（1）任务的主要内容

设计一个 Test 类，将其中一个数据成员设为常成员，注意它如何初始化和访问。

- 声明 private 的数据成员 a 和 x，其中 a 是 int 类型变量，x 是 int 类型的常量；
- 定义构造函数 Test，它有一个 int 类型参数，完成数据成员的初始化工作，注意常数据成员的初始化；
- 定义构造函数 Test，无参数，完成数据成员的初始化工作，注意常数据成员的初始化；
- 声明并定义函数成员 print，输出数据成员。

（2）任务的代码

```cpp
#include <iostream.h>
class Test
{
    private:
        int a;
        const int x;
    public:
        Test(int i): x(10)    //每个构造函数必须完成常数据成员的初始化,否则会发生错误
        {
            a=i;    print();
        }
        Test(): x(0)            //每个构造函数必须完成对常数据成员的初始化,否则会发生错误
        {
            a=0;        print();
        }
        void print();
};
void Test::print()
{
    cout<< "a= "<<a<<endl
        << "x= "<<x<<endl;    //非常成员函数可以访问常数据成员
}
int main()
{
    Test t1;                //调用无参构造函数
    Test t2(472);           //调用带参构造函数
    return 0;
}
```

程序运行结果如下：

```
a=0
x=0
a=472
x=10
```

（3）任务小结或知识扩展

- Test(int i)：x(10)将常成员 x 初始化为 10,这种方式称为构造函数初始化表,可以初始化所有的成员(const 数据成员和引用必须使用这种方式初始化)。
- 构造函数初始化表(只出现在构造函数定义中)出现在函数参数表和冒号后,但是在构造函数体之前。表中初始化发生在构造函数任何代码执行之前。
- 类中 const 数据成员在每个类对象中都将分配空间并代表一个值,它只表示"在对象生命期中,它是常量"。常数据成员在对象初始化时必须赋值。
- 如果有多个构造函数则必须都初始化常数据成员。

实践环节

关键字 const 修饰变量或对象时,该变量或对象的值不允许修改;当它修饰函数参数或函数返回值时,是对实参和返回值进行保护;它修饰函数成员时,表示该函数不会修改当前对象的值。编程序,体会关键字 const 修饰变量、对象、指针、引用、函数返回值和类的数据成员、函数成员时的作用。

```cpp
#include <iostream.h>
class Test
{
    private:
      const int a;     //const 修饰数据成员
      const int * p;   //const 修饰指针
      const int &r;    //const 修饰引用
    public:
      //const 修饰的数据成员放在初始化列表中赋值
      Test(int a_val,int * q_val,int &r_val): a(a_val),p(q_val),r(r_val)
      {    }
      void print()
      {
          cout<<"a="<<a<<"   "<<" * p="<< * p<<"   "<<"r="<<r<<endl;
      }
};
int main()
{
  int x=10,y=15,z=25;
  Test object(x,&y,z);      //思考：在如果该对象是 const 修饰,程序会不会出错,为什么？
  object.print();
  return 0;
}
```

5.6　const 修饰函数成员

核心知识

将关键字 const 放在函数成员的参数表之后和函数体之前,表明该函数不能修改成员变量的值。如果编译器发现 const 修饰的函数成员中某语句试图修改当前对象的数据成员,则将发出错误信息。

- 将构造函数或析构函数声明为 const 的将导致错误。因为这两种函数在执行时,总会对对象数据成员做修改。
- 如果在类体外定义常成员函数,则必须在声明和定义中同时指明关键字 const。

```
返回类型 函数名(参数表)const
{
      //函数体定义
}
```

注意:const 是函数类型的一部分,声明和实现部分都需要带该关键字。

常函数成员不能修改数据成员,不能调用该类中没有用 const 修饰的函数成员;常函数成员可以被其他没用 const 修饰的函数成员调用。

能力目标

掌握常函数成员的声明和定义方法。

掌握常函数成员调用。

任务驱动

任务一

(1) 任务的主要内容

设计一个类 Point,该类数据成员分别记录当前点的 X/Y 坐标。具体要求如下:

- 声明数据成员,int 类型的变量 x 和 y;
- 声明无参构造函数 Point;
- 声明常函数成员 print,该函数返回类型为 void,无参;
- 在类外定义构造函数 Point,完成数据成员的初始化;
- 在类外定义常函数成员 print,输出当前对象的数据成员;
- 在 main 函数中声明 Point 类对象和常对象,调用常函数成员 print。

(2) 任务的代码

```cpp
#include <iostream.h>
class Point{
  private:
      int x,y;
  public:
      Point(int a,int b);
      void print() const;            //声明常函数成员 print
};
Point::Point(int a,int b)
{    x=a;    y=b;    }
void Point::print() const            //定义函数是常函数成员 print
{
      x=10;                          //错误,不能修改成员变量的值
    cout<<"x="<<x<<",y="<<y<<endl;
```

```
    }
int main()
{
    Point origin(12,8);              //声明对象 origin
    origin.print();                  //origin 调用常函数成员
    const Point pt(627,23);          //声明一个常对象 pt
    pt.print();                      //pt 调用常函数成员
    return 0;
}
```

程序运行结果如下：

```
x=12,y=8
x=627,y=23
```

（3）任务小结或知识扩展

- 尽可能将所有不修改当前对象的成员函数声明为 const；将修改对象数据的成员声明为 const 的将导致错误。
- const 成员函数可以为一个 const 对象调用，因为它保证对象的数据成员在其生命期内不会改变。

任务二

（1）任务的主要内容

设计一个类 AddNumber，它有 3 个数据成员和 3 个函数成员。

- 声明 int 类型的数据成员 number 和常成员 increment；
- 声明并定义构造函数 AddNumber，完成数据成员的初始化；
- 声明并定义常函数成员 show，它能够输出数据成员；
- 声明并定义函数 add，该函数调用常函数成员 show，并返回两个数据成员之和。

（2）任务的代码

```
#include<iostream.h>
class AddNumber
{
  private:
     const int increment;
     int number;
  public:
     AddNumber(int);
     void show()const;
     int add();
};
AddNumber::AddNumber(int n): increment(10)    //注意常变量成员的初始化
{       number=n;          }
void AddNumber::show()const
{       cout<< "number="<<number<<endl;     }
int AddNumber::add()                           //成员函数调用常成员函数
{
    show();
```

```
        number=number+increment;
        show();
        return number;
}
int main()
{
        AddNumber number(5362);
        number.add();
        return 0;
}
```

程序运行结果如下：

(3) 任务小结或知识扩展

常函数成员不能调用非 const 函数成员，但是非 const 成员函数可以调用它。

实践环节

仔细阅读下面的代码，体会 const 数据成员的初始化语法和函数 const 成员的作用。

```
#include<iostream.h>
#include<iomanip.h>
class Array_test
{
    private:
        int array[100];
        const int size;
        int(&ref)[100];
    public:
        Array_test(int a): size(a),ref(array)
        {}
        void setVal(int val)
        {
            for(int i=0;i<size;i++)
                ref[i]=val;
        }
        void print()const
        {
            for(int i=0;i<size;i++)
                cout<<i<<setw(4)<<ref[i]<<endl;
        }
};
int main()
{
    Array_test t(8);
    t.setVal(55);
    t.print();
    return 0;
}
```

5.7　this 指针

核心知识

　　同一类型的对象拥有自己独立的内存单元,而它们调用的成员函数是同一份拷贝。当对象调用函数成员修改自身数据时,系统需要将调用函数的对象(也叫当前对象)和该对象的内存绑定在一起,保证对象能够通过公用的成员函数操作自己的数据。这个参数就是 this 指针。

- 当类的某个非静态函数成员正被调用时,this 指针指向正在调用该函数成员的对象,所以该指针的类型取决于对象的类型。
- this 指针在每次非 static 成员函数调用对象时,作为隐式的参数由编译器传递给参数。

能力目标

　　了解 this 指针的作用。
　　掌握 this 指针的使用方法。

任务驱动

(1) 任务的主要内容

创建一个类 Person,显式使用 this 指针,测试 this 指针的含义。

- 声明数据成员 char ＊name 和 double 类型的 height 与 weight;
- 声明并定义构造函数 Person,使用 this 指针为当前变量数据成员赋值;
- 声明并定义常函数成员 show,输出当前对象数据成员的值。

(2) 任务的代码

```
#include <iostream.h>
class Person{
    private:
        char * name;
        double   height,weight;
    public:
        Person(char * ,double,double);
        void show() const;
};
Person::Person(char * s,double h,double w)
{
    name=s;
    this->height=h;              //用 h 给当前对象的数据成员 height 赋值
    this->weight=w;              //用 w 给当前对象的数据成员 weight 赋值
}
void Person::show() const
{
    cout<<"对象"<<this->name      //输出当前对象的数据成员
```

```
        <<"的身高是"<<this->height<<"米,"
        <<"体重是"<<this->weight<<"公斤"<<endl
        <<"它占用的内存首地址为"<<this
        <<",占用的内存大小是: "<<sizeof(Person)<<endl;
}
int main()
{
    Person p1("YaoMing",2.29,140.6);
    p1.show();
    Person p2("Shu_HowLin",1.91,91.3);
    p2.show();
    return 0;
}
```

程序运行结果如下：

```
对象YaoMing的身高是2.29米,体重是140.6公斤
它占用的内存首地址为0x0012FF68,占用的内存大小是: 24
对象Shu_HowLin的身高是1.91米,体重是91.3公斤
它占用的内存首地址为0x0012FF50,占用的内存大小是: 24
```

(3) 任务小结或知识扩展

每个对象都可以使用 this 指针来访问自己的地址,但 this 指针本身并不是对象的组成部分。也就是说,使用 sizeof 操作符返回对象的内存大小时,不计算 this 指针的空间。

实践环节

为上例中的 Person 类增加函数成员 set,能够使用 this 指针修改当前对象的数据成员。

5.8   static 修饰数据成员

核心知识

类的每个对象都拥有类所有数据成员的拷贝。但当数据成员被声明是 static 的,则表示所有对象共享这个数据成员,这种数据成员成为静态数据成员。也就是说,静态成员变量属于类,即使不存在任何该类的对象,静态成员变量也是存在的。它只有一个拷贝,被该类类型的所有对象共享访问,而非静态成员变量则是每个对象都有自己的拷贝。

- 静态数据成员的标志是: 在类体的数据成员声明之前加上关键字 static,定义具体的语法形式为: static 数据类型 标识符。在类外赋值时,不能出现 static。
- 由于静态成员变量属于类,所以它有两种访问方式: 可以通过对象或指针来访问,也可以通过类名和作用域操作符调用或访问它。

能力目标

能够声明静态数据成员。

能够为静态数据成员赋值。

了解 static 成员在数据共享、计数等方面的作用。

任务驱动

任务一

（1）任务的主要内容

设计一个类 Employee，其中数据成员 count 用来统计该类创建的对象数目。

- private 的数据成员 char 类型数组 name，表示员工姓名；
- public 的数据成员：由 static 修饰的 int 类型 count，表示员工数目；
- 构造函数 Employee，其参数是一个 const 修饰的 char 类型指针，其默认值是 "noname"；
- const 修饰的函数成员 getcount，该函数输出静态数据成员 count 的值。

（2）任务的代码

```cpp
#include <iostream.h>
#include <string>
using namespace std;
class Employee
{
    private:
        char name[50];
    public:
        static int count;
        Employee(const char * s="noname");
        void getcount()const;
};
Employee::Employee(const char * s)
{
    strcpy(name,s);
    ++count;                    //构造函数修改静态数据成员
}
void Employee::getcount()const
{
    cout<<"员工人数为："<<count<<endl;      //访问静态数据成员
}
int Employee::count=0;          //在类外为静态数据成员赋值时要去掉关键字 static
int main()
{
    //不存在 Employee 类对象，可以使用类名和::(类作用域操作符)访问静态数据成员
    cout<<"Employee::count="<<Employee::count<<endl;
    //声明 Employee 类对象 s
    Employee s("罗伯特");
    s.getcount();
    //声明 Employee 类型数组，其中有 20 个对象
    Employee * p=new Employee[20];
    p->getcount();
    return 0;
}
```

程序运行结果如下：

（3）任务小结或知识扩展

- 由于静态数据成员被所有对象共享，当一个对象修改其值，以后其他对象将得到被修改的值。
- 静态数据成员可以是任意类型，并且可以任意声明为 public、protected 或 private 的。

任务二

（1）任务的主要内容

设计一个类，拥有多个 static 数据成员，能够在类外对数据成员初始化，在主函数中访问 static 数据成员。

（2）任务的代码

```cpp
#include <iostream.h>
class Test
{
    public:
        int i;
        static char c;              //声明 char 类型的静态数据成员
        static int number;          //声明 int 类型的静态数据成员
        static double d[3];         //声明 double 类型数组作为静态数据成员
        Test(int x=1): i(x)         //构造函数的成员初始化列表
        {     }
};
char Test::c(90);                   //在类外为静态数据成员赋值时要去掉关键字 static
int Test::number=0;                 //在类外为静态数据成员赋值时要去掉关键字 static
double Test::d[3];                  //在类外为静态数据成员赋值时要去掉关键字 static
int main()
{
    Test t;
    cout<<"Test::c="<<Test::c<<endl;//类名和::(类作用域操作符)
    Test::number++;
    t.number++;                     //对象名和点操作符访问
    cout<<"t.number="<<t.number<<endl;
    return 0;
}
```

程序运行结果如下：

```
Test::c=Z
t.number=2
```

（3）任务小结或知识扩展

- 静态数据成员一般在类体外被初始化，不允许内联，只能被定义并初始化一次。其语法形式是：

数据类型 类名::静态数据成员名称(初始化表)

- 当类中某个数据只需要一个拷贝,就用 static 数据成员节省存储空间。

实践环节

根据上面的代码,编写语句,在 main 函数中输出静态 double 型数组 d。

思考：不给类中的静态数据成员初始化是否会发生编译错误？

5.9　static 修饰函数成员

核心知识

函数成员也可以是静态的。当一个函数成员声明是静态的,表示它将为该类的所有对象服务,而不是被某个特殊对象调用。当程序中不存在类对象时,也可以调用静态函数成员,格式为：类名::静态函数成员名。

静态函数成员的声明要在类中的函数声明前加上关键字 static,在类外定义时不能指定关键字 static。

静态函数成员没有 this 指针,不能直接访问非静态成员,只能访问静态数据成员,也只能调用其他的静态成员函数。

能力目标

能够使用静态成员函数访问静态数据成员。

掌握静态函数成员的声明和定义方式。

能够在类外使用静态函数成员。

任务驱动

（1）任务的主要内容

类 Net_Computer 用来统计当前的在线人数,它的成员包括：

- public 方式的静态数据成员 int 类型的 number；
- 构造函数 Net_Computer,每创建一个对象,number 增加 1；
- 静态函数成员 print,用来输出 number 的值；
- 常函数成员 show_address,输出各个对象访问的静态数据成员的内存地址。

（2）任务的代码

```
#include <iostream.h>
class Net_Computer
{
    public:
        static int number;
        Net_Computer();
```

```
        static void print()
        {
            cout<<"目前的在线人数为: "<<number<<endl;
        }
        void show_address()const;
};
int Net_Computer::number=1029;
Net_Computer::Net_Computer()
{
    char response;
    cout<<"你要上网吗? (Y/N)"<<endl;
    cin>>response;
    if((response=='Y')||(response=='y'))
        number++;
}
void Net_Computer::show_address()const
{
    cout<<"数据成员 number 的内存地址是"<<&number<<endl;
}
int main()
{
    cout<<"Net_Computer::number="<<Net_Computer::number<<endl;
    //使用类名::访问静态数据成员
    Net_Computer computer[3];          //创建三个对象
    Net_Computer::print();             //使用类名::访问静态函数成员
    for(int i=0;i<3;i++)
        computer[i].show_address();  //测试每个对象访问的静态数据成员地址
    return 0;
}
```

程序运行结果如下:

（3）任务小结或知识扩展

- 可以使用对象名和点操作符访问静态成员函数,也可以使用类名和类作用域操作符(::)调用或访问它。
- 即使类对象不存在,该类的静态数据成员和静态成员函数不仅存在而且可以使用。

实践环节

为上例中 Net_Computer 类编写一个析构函数,该函数能够将 number 减一。思考构造函数和析构函数能否被 static 修饰? 为什么?

5.10 友 元

核心知识

友元(friend)使得类非成员函数或其他类能够直接访问类的私有数据成员。它有两种：友元函数和友元类。

- 友元函数是一个普通函数（非成员函数），可以访问声明它为友元的类的非公有成员。它在类中以关键字 friend 开头进行声明，在类外进行定义。其声明形式为

  friend 返回类型 函数名(参数表);

  其中，关键字 friend 在声明中必须存在，定义时可以省略。

- 为了把类 A 声明为类 B 的友元，从而使 A 的所有函数成员能够访问 B 类的所有成员，需要在类 A 的声明语句中加上关键字 friend。其形式如下：

  Friend class A;

能力目标

掌握声明、定义和调用友元函数及友元类的方法。

能够使用友元访问类中的成员。

了解友元是普通函数，不是类的函数成员。

任务驱动

任务一

（1）任务的主要内容

设计一个类 Point，有两个数据成员分别记录当前点的坐标，设计一个友元计算两点之间的距离。

（2）任务的代码

```
#include<iostream.h>
#include<math.h>
class Point
{
    private:
        int x,y;
    public:
        Point(int,int);
        friend double distPoint(const Point,const Point); //声明友元函数
};
Point::Point(int nx,int ny)
{
    x=nx;        y=ny;                    //函数成员访问类中私有的数据成员
}
```

```
double distPoint(const Point begin,const Point end)
{
    int a=abs(end.x-begin.x);        //访问 Point 类对象私有数据成员
    int b=abs(end.y-begin.y);        //访问 Point 类对象私有数据成员
    return sqrt(a * a+b * b);
}
int main()
{
    Point p1(10,5);
    Point p2(8,33);
    cout<<"点 p1(10,5)和 p2(8,33)之间的直线距离为: "<<distPoint(p1,p2)<<endl;
    //distPoint 是普通函数,直接用函数名调用
    return 0;
}
```

程序运行结果如下:

点 p1(10,5)和 p2(8,33)之间的直线距离为: 28.0713

(3) 任务小结或知识扩展

- 友元不是类成员,没有 this 指针;
- 友元函数提高了对私有数据成员的访问效率,但同时破坏了类的封装性。

任务二

(1) 任务的主要内容

为一个类 Person 创建友元类 FriendClass,使用该友元类对象访问 Person 类对象。

(2) 任务的代码

```
#include <iostream.h>
#include <string>
using namespace std;
class Person
{
        friend class FriendClass;      //声明 FriendClass 为该类的友元类
    private:
        double bonus;                  //bonus 为 Person 类私有数据成员
    public:
        char name[50];
        Person(char * ,double);
};
Person::Person(char * s,double d)
{
    strcpy(name,s);  bonus=d;
}
class  FriendClass                     //定义一个友元类
{
    public:
        void print(Person &)const;
};
```

```
void FriendClass::print(Person & r)const
{
    cout<<"我知道 Person 类的一切"<<endl
        <<"name="<<r.name
        <<",bonus="<<r.bonus<<endl;
}
int main()
{
    Person p("小王",28000);
    FriendClass f;
    f.print(p);
    return 0;
}
```

程序运行结果如下：

```
我知道Person类的一切
name=小王, bonus=28000
```

（3）任务小结或知识扩展

- 友元关系不受类的访问权限控制，将友元的声明语句放在 public、protected 和 private 任意哪个之后都可以。
- 友元关系是单向的，Person 的友元类 FriendClass 可访问它的所有成员，但是 Person 却不能直接访问 FriendClass 的私有成员。

实践环节

创建一个类 MyInt，其中的数据成员是 int 型整数，为该类声明并定义一个友元函数 Add，能够将某 MyInt 对象与当前对象进行"＋"操作。

本 章 小 结

- 类的定义以关键字 class 开始。类体放在一对大括号之中。类的定义以分号结束。
- 可以使用类名作为一种新的数据类型声明变量，这种变量称为对象。
- 对象可以访问放在 public 后面声明的数据成员和函数成员。
- private 后面声明的数据成员和函数成员只能由该类的函数成员和友元访问。
- 类的访问控制权限由关键字 public、private 和 protected 说明。这三个关键字总以冒号结束(:)，它们可以以任意次序多次出现。
- 构造函数和析构函数是特殊的函数成员，没有返回类型，如果类中没有定义，那么将产生默认的构造函数和析构函数。
- 构造函数与类同名，在类创建对象时被调用，用来初始化类对象的数据成员。
- 构造函数可以没有参数，可以带参数，参数可以有默认值。
- 构造函数可以重载。
- 析构函数名是类名之前加上～。析构函数在撤销对象时被调用。
- 析构函数没有参数。

- 一个类内只能有一个析构函数,析构函数不能重载。
- 类的 public 成员通常称为类的接口。
- 可以在类体外定义函数成员,函数名前需要加上类名和类作用域运算符(::)。
- 在类中定义的函数成员被默认为 inline。但是编译器有权决定是否内联。
- 在类体内,可以直接使用函数名调用函数;在类外,调用函数成员需要通过对象名。
- 如果函数成员不修改对象的数据,则可以使用 const 修饰。
- 不能修改关键字 const 修饰的对象。
- const 修饰函数成员时称为常函数成员。常函数成员在其声明和定义时都要指明 const 属性。
- const 修饰的数据成员成为常数据成员,它必须在构造函数中提供成员初始化值。
- const 修饰的对象必须在声明时初始化。
- 任何函数都不能对常数据成员赋值。构造函数对常数据成员进行初始化时也只能通过初始化列表进行。
- 如果类有多个默认构造函数则必须都初始化常数据成员。
- 静态数据成员是使用 static 修饰的成员,表示在整个类(所有对象之中)共享信息。
- 可以通过对象访问或使用类名和类作用域操作符访问静态数据成员。
- 如果函数成员不访问非静态类成员,则可以使用关键字 static 修饰。
- 与非静态函数成员不同,静态函数成员没有 this 指针,因为静态数据成员和静态函数成员独立于对象存在。
- this 指针可以隐式地使用类的非静态数据成员和非静态函数成员。
- 每个非静态函数成员通过 this 指针访问自己对象的地址。
- 为了实现允许一个外部函数访问类的 private 和 protected 成员,必须在类内部用关键字 friend 来声明该外部函数的原型,以指定允许该函数共享类的成员。
- 类的友元函数不是函数成员。它必须在类中声明(使用关键字 friend 指定),在类外定义。
- 友元可以访问类的所有成员。

习 题 5

1. 下面的代码是一个类的定义。请仔细阅读并回答问题。

```
class Door
{
    private:
        bool open;
    public:
        Door();
        ~Door();
        void  openDoor();
        void  closeDoor();
        bool  isOpen();
};
```

- 上述代码中的类名是什么？
- 该类中有多少成员？多少数据成员？几个函数成员？
- 该类中的函数成员 Door 具有什么作用？
- 该类中的函数成员～Door 具有什么作用？
- 在类外定义函数成员 isOpen。该函数的功能是返回当前对象中的数据成员 open 的状态：如果 open 的值为 true(或 1)则函数的返回值就是 true 或 1。

2. 仔细阅读下面类的定义，根据要求完成相关定义。

```
class myClass
{
    private:
        int x;
        double y;
    public:
        myClass();
        myClass(int,double);
        void set(int a,double b);
        void print();
};
```

- myClass 类中有几个构造函数；
- 定义函数成员 myClass()，它将数据成员的值设置为 0；
- 定义函数成员 myClass(int,double)，它将 int 类型的形参赋值给数据成员 x，将 double 类型的形参赋值给 y；
- 定义函数成员 set，它将 a 的值复制给 x，将 b 的值复制给 y；
- 定义函数成员 print，它输出 x 和 y 的值；
- 声明 myClass 类的对象 object；
- 使用对象 object 调用函数成员 print；
- 声明 myClass 类型的指针 ptr；
- 使用指针 ptr 调用 set 函数，实参是 5 和 98.21；
- 使用 ptr 调用函数成员 print。

3. 定义一个类 Test，按照下面的要求给出语句。
- 声明为 private 权限的数据成员：int 类型的 count 和 max；
- 在类中声明函数成员 set，形参是两个 int 类型变量，返回值类型为 void；
- 在类中声明函数成员 print，该函数不带参数，也没有返回值；
- 在类中声明无参构造函数；
- 在类中声明析构函数。

4. 定义一个类 Day，它能够表示一周中的某一天，具体的函数成员有：
- 定义适当的构造函数；
- 设置星期几；
- 返回星期几；
- 返回下一天(用星期几表示)；
- 返回前一天(用星期几表示)；

- 返回当天的几天后是星期几,例如今天是星期一,3 天之后是星期四,11 天之后是星期五。

5. 定义一个电话簿类,成员说明如下。

- 数据成员:char 类型数组,保存姓;
- 数据成员:char 类型数组,保存名;
- 数据成员:int 类型数组,保存电话号码;
- 静态数据成员:int 类型 count,保存当前电话簿中的电话数;
- 函数成员:构造函数;
- 函数成员:set,设置某个人的姓;
- 函数成员:set,设置某个人的名;
- 函数成员:set,设置某个人的电话号码;
- 函数成员:equal,带有一个参数(表示某人的姓),检查当前对象的姓是否和给出的姓一致,如果一致返回 true,否则返回 false。

6. 创建一个 SavingsAccount 类,它包含 static 数据成员 Rate(年利率)和 private 的数据成员 savings,该成员表示对象的存款数。该类的函数成员是 CalMonthlyInterest,该函数计算月利息(由表达式 savings * Rate/12 计算得到)。提供一个 static 修饰的函数成员 modifyRate,它能够将 Rate 设置为新值。目前假设有两个对象 save1 和 save2,其账户的存款数为 2000 元和 3500 元,将 Rate 设置为 5.4%,计算每个对象的约利息并输出。

7. 某国家的个人所得税计算方式如下:

2500 元以下	15%的个人所得税
2500~7499 元	25%的个人所得税
7500~14 999 元	28%的个人所得税
15 000~29 999 元	33%的个人所得税
30 000 元以上	35%的个人所得税

开发一段程序,根据用户输入的收入数额,计算他的税款。

类 与 对 象

类作为一种用户自定义的数据类型,在定义变量时,需要对变量做初始化工作,当类变量的生存期结束时,则需要由类撤销对象,并完成内存单元的清除工作。为此,类中需要两种特殊的函数成员:构造函数和析构函数。构造函数是一个可以重载的函数成员,能够完成创建对象并进行初始化工作;析构函数不能重载,在对象生存期结束时被隐式调用,完成释放在类的构造函数中或整个生命期间获得的资源。

C++ 允许使用一个类对象初始化另外一个对象,这种初始化要求类中的数据成员依次复制,这项工作由复制构造函数完成。

如果程序运行时需要申请对象空间,则以使用关键字 new,new 将调用构造函数在堆中创建对象;当要撤销堆对象时,使用关键字 delete,由它调用析构函数释放堆对象。

6.1　对　象

核心知识

C++ 中,对象是类来声明的变量,类生成对象之后,对象拥有自己的数据成员。同一个类的不同对象拥有的数据成员类型和名称相同,但存储在不同的内存单元,有各自独立的空间。

能力目标

能够定义对象,了解对象内存空间的分配。

掌握类类型指针和引用的声明、赋值方法。

任务驱动

任务一

(1) 任务的主要内容

设计一个类 Square。在主函数中定义不同形态的对象,访问函数成员。

- 类 Square 的数据成员包括:double 类型的 length 和 are,保存每个正方形的边长和面积;
- 定义一个构造函数,为数据成员赋值;
- 定义函数成员 getArea,返回数据成员 area 的值;

- 在主函数中定义不同形态的对象,并使用 sizeof 操作符计算对象的大小。

（2）任务的代码

```cpp
#include<iostream.h>
class Square
{
    private:
        double length,area;
    public:
        Square(double);
        double getArea()const ;
};
Square::Square(double d)                        //构造函数
{
    length=d;
    area=length * length;
}
double Square::getArea()const
{
    return area;
}
int main()
{
    Square s(10);                               //定义对象
    Square * p=&s;                              //定义一个类类型指针
    Square &ref=s;                              //定义类类型引用
    cout<<"s.getArea()="<<s.getArea()<<endl     //对象和点操作符调用成员函数
      <<"ref.getArea()="<<ref.getArea()<<endl   //引用调用成员函数
      <<"p->getArea()="<<p->getArea()<<endl     //指针调用成员函数
      <<"sizeof(s)="<<sizeof(s)<<endl           //对象的内存字节数
      <<"sizeof(Square)="<<sizeof(Square)<<endl //类的内存字节数
      <<"sizeof(p)="<<sizeof(p)<<endl           //类类型指针的内存字节数
      <<"p="<<p<<endl
      <<"&s="<<&s<<endl
      <<"&ref="<<&ref<<endl;
    return 0;
}
```

程序运行结果如下：

```
s.getArea()=100
ref.getArea()=100
p->getArea()=100
sizeof(s)=16
sizeof(Square)=16
sizeof(p)=4
p=0x0012FF70
&s=0x0012FF70
&ref=0x0012FF70
```

（3）任务小结或知识扩展

类的大小和对象的大小都只包含所有非静态数据成员。

任务二

(1) 任务的主要内容

为了统计分析某旅游景点的游客,设计一个类 Visitor,包含一个数据成员 ave_age 代表旅客年龄,一个静态成员 counter 统计游客流量。

- 类 Visitor 的数据成员为 int 类型的 ave_age 和 counter;
- 定义构造函数,为 ave_age 赋值;
- 定义静态的函数成员 addCounter,修改静态数据成员;
- 在 main 函数中声明对象,并测试 Visitor 类对象占用的空间字节长度。

(2) 任务的代码

```cpp
#include<iostream.h>
class Visitor
{
    private:
        int ave_age;
        static int counter;                      //声明一个静态数据成员
    public:
        Visitor(int age);
        static int   Visitor::addCounter(int increment)    //定义静态成员函数
        {
            counter=counter+increment;
            return counter;
        }
};
int Visitor::counter=19891;                      //已有 19 891 人到此旅游
Visitor::Visitor(int age=0)
{
    ave_age=age;
}
int main()
{
    Visitor visitor_Feb(21);
    cout <<"二月份旅游人数为 108 人,平均年龄 21 岁。开业至今已经接待人数: "<<Visitor::
        addCounter(108)<<endl;
    cout<< "sizeof(Visitor)="<<sizeof(Visitor)<<endl
      << "sizeof(visitor_Feb)="<<sizeof(visitor_Feb)<<endl;
    return 0;
}
```

程序运行结果如下:

```
二月份旅游人数为108人; 平均年龄21岁。开业至今已经接待人数: 19999
sizeof(Visitor)=4
sizeof(visitor_Feb)=4
```

(3) 任务小结或知识扩展

静态数据成员属于类,拥有一块独立的内存,该类的所有对象共享访问。对象空间不包含静态数据成员。

实践环节

观察下面的代码,注意取得的数值。

```cpp
#include<iostream.h>
#include<stddef.h>
class Test
{
    public:
        char c;
        int x;
        double y;
        static int counter;                     //声明一个静态数据成员
        Test(){}
        void show()const{}
};
int Test::counter(12);
int main()
{
        Test t;;
        cout<<"sizeof(Test)="<<sizeof(Test)<<endl
          <<"sizeof(t)="<<sizeof(t)<<endl
          <<"offsetof(Test,c)="<<offsetof(Test,c)<<endl
          <<"offsetof(Test,x)="<<offsetof(Test,x)<<endl
          <<"offsetof(Test,y)="<<offsetof(Test,y)<<endl
          <<"offsetof(Test,counter)="<<offsetof(Test,counter)<<endl;
        return 0;
}
```

6.2 对象的创建和撤销

核心知识

构造函数和析构函数的调用都是自动完成的。它们的执行次序取决于初始化和撤销对象的顺序。

- 全局对象 在开始执行文件中的任何其他函数之前(包括 main),为全局对象调用构造函数。当整个程序运行结束时,调用析构函数释放全局对象。
- 局部对象 当执行到函数中定义对象语句时,构造函数被调用;当离开定义对象的语句块时,相应的析构函数被调用。
- 静态局部对象 被关键字 static 修饰的局部对象称为静态局部对象。当第一次执行到定义静态局部对象语句时,构造函数仅执行一次。这个对象将一直存储在内存中,直到 main 函数终止,调用析构函数释放静态局部对象。

能力目标

掌握对象的生存期和作用域。

理解不同存储类别对象构造函数和析构函数的执行次序。

任务驱动

（1）任务的主要内容

编写一个程序，测试全局对象、局部对象、静态对象被创建和析构的次序。

- 类 Test 中的数据成员为 char 类型的数组，用来表述对象名称；
- 定义构造函数 Test，它为数据成员赋值，然后输出正在创建的对象名称；
- 定义析构函数～Test，它输出正在析构的对象名称；
- 声明全局对象 t1；
- 在 main 函数中依次声明局部对象 t2、静态局部对象 t3 和对象常量 t4；
- 观察运行结果，体会不同对象的构造和析构顺序。

（2）任务的代码

```cpp
#include<iostream.h>
#include<string>
using namespace std;
class Test
{
    private:
        char objectName[30];
    public:
        Test(char *);
        ~Test();
};
Test::Test(char * s)
{
    strcpy(objectName,s);
    cout<<"正在构造的对象名称为： "<<objectName<<endl;
}
Test::~Test()
{
    cout<<"正在析构的对象名称： "<<objectName<<endl;
}
int main()
{
    Test t2("局部对象");                     //定义局部对象
    static Test t3("静态对象");              //定义静态局部对象
    const Test t4("常对象");                 //定义常对象
    return 0;
}
Test t1("全局对象");                          //无论放在哪个位置,总是首先被构造
```

程序运行结果如下：

（3）任务小结或知识扩展

一般来说，按照构造函数的逆序来调用析构函数，然而，对象的存储类比可以改变析构函数的调用顺序。

实践环节

使用任务中的代码，使用 new 创建一个堆对象，观察 delete 语句的作用。

6.3 默认构造函数

核心知识

创建对象时，构造函数就被调用，完成对象内存分配、初始化任务。如果类中没有声明或定义构造函数，编译器将为该类产生一个默认构造函数，它没有参数，只能为对象分配内存，不做任何初始化。如果用户提供了一个或多个构造函数，则系统将不产生默认构造函数。

默认构造函数是指调用时无须提供参数的构造函数。它有两种形式：构造函数本身不带参数或者构造函数有若干形参，每个形参都带默认值。每个类里只有一个默认参数。

如果需要初始化对象的成员变量，则需要用户定义一个或一组构造函数。

能力目标

能够定义和调用默认构造函数。

掌握定义对象时调用的具体构造函数。

任务驱动

（1）任务的主要内容

设计一个类 Date，具体要求如下：

- 数据成员有 int 类型的 year、month 和 day，分别代表年、月和日；
- 定义构造函数 Date，所有参数都有默认值；
- 定义常函数成员 Print，它打印输出数据成员的值；
- 在 main 函数中声明对象，观察默认构造函数的调用及参数匹配。

（2）任务的代码

```cpp
#include<iostream.h>
class Date
{
    private:
        int year,month,day;
    public:
        Date(int y=2000,int m=1,int d=1);   //声明默认构造函数,所有参数都由默认值
        void Print()const;                  //类内声明函数成员 Print()
};
```

```
Date::Date(int y,int m,int d): year(y),month(m),day(d)          //定义默认构造函数
{
    cout<<"调用默认构造函数"<<endl;
}
void Date::Print()const                    //类外定义函数成员时类名加在成员函数名之前
{
        cout<<year<<"."<<month<<"."<<day<<endl;
}
int main()
{
    Date oneday;                        //定义无参对象,系统自动调用默认构造函数
    oneday.Print();
    Date today(2012,8);                 //定义对象 today,系统自动调用默认构造函数
    today.Print();                      //对象名和.操作符调用成员函数 Print()
    Date * pdate;                       //定义对象指针时不会调用默认构造函数
    pdate=&oneday;
    return     0;
}
```

程序运行结果如下：

```
调用默认构造函数
2000.1.1
调用默认构造函数
2012.8.1
```

（3）任务小结或知识扩展

- 当定义对象不提供实参时,默认构造函数被调用构造初始值完全相同的对象；
- 创建无参对象、对象数组时调用默认构造函数；
- 定义对象指针时不会调用默认构造函数。

实践环节

在代码中增加一个无参构造函数 Date,编译是否通过。

6.4　复制构造函数

核心知识

用一个类对象初始化该类的另一个对象时,调用复制构造函数依次复制每个非静态成员变量。复制构造函数与类同名,没有返回类型,有一个该类对象的引用作为参数,为了防止被复制对象修改,一般声明为 const。

如果用户不指定复制构造函数,则系统会提供一个默认复制构造函数。

能力目标

掌握复制构造函数的定义方式。

理解复制构造函数的作用。

任务驱动

任务一

(1) 任务的主要内容

设计一个 Square 类,其中定义两个构造函数:默认构造函数和复制构造函数。注意复制构造函数的使用。

- Square 类的数据成员包括 double 类型的 length 和 area,代表正方形的边长和面积;
- 定义构造函数 Square,它的参数带默认值;
- 定义复制构造函数,它的参数是一个同类型的引用;
- main 函数中分别适用构造函数和复制构造函数创建对象,体会这两个对象的关系。

(2) 任务的代码

```cpp
#include<iostream.h>
class Square
{
    private:
        double length,area;
    public:
        Square(double);
        Square(const Square &);
        double getArea() const ;
};
Square::Square(double d=0):length(d),area(length*length)
{
    cout<<"在 Square(double)中"<<endl;
}
Square::Square(const Square &s):length(s.length),area(s.area)
{
    cout<<"在 Square(const Square &)中"<<endl;
}
double Square::getArea()const
{
    return area;
}
int main()
{
    Square s(10);                    //使用构造函数创建对象
    Square t=s;                      //使用复制构造函数创建对象
    cout<<"s.getArea()="<<s.getArea()<<endl
        <<"t.getArea()="<<t.getArea()<<endl
        <<"&s="<<&s<<endl
        <<"&t="<<&t<<endl;
    return 0;
}
```

程序运行结果如下:

（3）任务小结或知识扩展

用一个类对象初始化该类另一个对象一般发生在下列情况：用一个类对象显式地初始化另一个类对象。

任务二

（1）任务的主要内容

- 设计一个类 MyInt，它的数据成员是 int 类型变量 n，定义带默认参数的构造函数和复制构造函数；
- 定义函数 add，参数是 MyInt 类对象和 int 类型的变量，函数将这两个参数相加并将结果返回；
- 在 main 函数中，声明变量调用 add，观察运行结果。

（2）任务的代码

```
#include<iostream.h>
class MyInt
{
    private:
        int n;
    public:
        MyInt(int);                          //默认构造函数
        MyInt(const MyInt &);                //复制构造函数
        int  get();
};
MyInt::MyInt(int m=0):n(m)                   //默认构造函数
{
    cout<<"正在构造对象"<<endl;
}
MyInt::MyInt(const MyInt & r)                //复制构造函数
{
    n=r.n;
    cout<<"正在复制构造对象"<<endl;
}
int MyInt::get()
{
    return    n;
}
int add(MyInt obj,int val)
{
    cout<<"在函数 add 中 &obj="<<&obj<<endl;    //输出局部对象 obj 的地址
    return obj.get()+val;
}
int main()
```

```
{
    int x=123,sum;
    MyInt object(987);
    cout<<"在函数 main 中 &object="<<&object<<endl;    //输出局部对象 object 的地址
    sum=add(object,x);                                  //调用复制构造函数为形参赋值
    cout<<"add(object,x)="<<sum<<endl;
    return 0;
}
```

程序运行结果如下：

```
正在构造对象
在函数main中&object=0x0012FF74
正在复制构造对象
在函数add中&obj=0x0012FF1C
add(object,x)=1110
```

(3) 任务小结或知识扩展

当对象作为参数时，函数调用过程中需要把一个类对象作为实参传递给另一个对象，这时也将调用复制构造函数。

实践环节

显式使用 this 指针能够防止对象自己复制自己。具体方式是：在复制构造之前，检验当前正在构造的对象（由 this 指针指向）和传递过来的对象实参（一般是类类型的引用）地址是否相同。若是，则退出构造函数。仔细阅读下面代码，体会 this 指针防止对象赋值给自己的用途。

```
#include<iostream>
#include<string>
using namespace std;
class Kid
{
    private:
        string name;
        double weight;
        int age;
    public:
        Kid(char * ,double,int);
        Kid(const Kid &);          //复制构造函数,能够使用对象创建对象
        void print()const;
};
Kid::Kid(char * s,double w,int a):name(s),weight(w),age(a)
{}
Kid::Kid(const Kid &k)            //复制构造函数,能够使用对象创建对象
{
    if(this!=&k)
    {
        cout <<"该函数的判断语句防止 kid 类对象复制自己"<<endl;
        name=k.name;
        weight=k.weight;
        age=k.age;
```

```
    }
}
void Kid::print()const
{
    cout <<"娃娃的名字是"<< name <<",今年"<< age <<"岁了,体重(千克)是："<< weight <<
        endl;
}
int main()
{
    Kid dudu("嘟嘟",24.58,2);
    dudu.print();
    Kid youyou(dudu);
    youyou.print();
    return 0;
}
```

6.5　构造函数重载

【核心知识】

　　C++ 允许一个类中声明多个构造函数,只要每个构造函数的参数表唯一,要么参数个数不同,要么类型不同,或者顺序不同。

　　构造函数的访问权限一般都是 public 的,这样便于类定义对象时调用。如果不允许类定义对象,或者防止用一个类的对象向另一个对象进行复制,可以将类中的构造函数声明为 private。

　　根据所带参数的不同,构造函数有如下两种特殊形式。

- 默认构造函数　赋予所有参数默认值的构造函数(或明确不需要任何参数的构造函数)。默认构造函数在不提供实参(构造无参对象、构造对象数组)时被调用,能够确保将对象初始化为一致的状态。
- 复制构造函数　其标志是所带的唯一参数是自身类型的引用。

【能力目标】

　　掌握构造函数的重载方式。

　　明确默认构造函数、复制构造函数的声明和定义方式。

　　掌握声明对象时调用的具体构造函数。

【任务驱动】

（1）任务的主要内容

定义一个符合下面要求的 Time 类。

- 声明 int 类型的数据成员 hour、minute 和 second,分别代表小时、分钟和秒;
- 定义带有三个参数的构造函数,使用这三个参数为对象数据成员赋值;
- 定义带两个参数的构造函数,其中一个参数带默认值;

- 定义无参的构造函数；
- 定义析构函数；
- 在 main 函数中声明对象 t1、t2 和 t3，声明 Time 类指针 ptime。

(2) 任务的代码

```cpp
#include<iostream.h>
class Time
{
    private:
        int hour,minute,second;
    public:
        Time(int,int,int);
        Time(int,int);
        Time();
        ~Time();
};
Time::Time(int h,int m,int s):hour(h),minute(m),second(s)
{
    cout<<"在无默认参数构造函数 Time(int,int,int)中"<<endl;
}
Time::Time(int h,int m=0):hour(h),minute(m),second(0)
{
    cout<<"在带默认参数构造函数 Time(int,int)中"<<endl;
}
Time::Time():hour(0),minute(0),second(0)
{
    cout<<"在无参构造函数 Time()中"<<endl;
}
Time::~Time()
{
    cout<<"在析构函数~Time()中"<<endl;
}
int main()
{
    Time t1;
    Time t2(12);
    Time t3(11,11,11);
    Time * ptime=&t2;
    return 0;
}
```

程序运行结果如下：

```
在无参构造函数Time()中
在带默认参数构造函数Time(int,int)中
在无默认参数构造函数Time(int,int,int)中
在析构函数~Time()中
在析构函数~Time()中
在析构函数~Time()中
```

(3) 任务小结或知识扩展

- 类中所有的构造函数都使用类的名称，但是每个构造函数都可以根据参数的个数或

类型区分开来。

- 定义对象时,出现实参个数少于数据成员个数时,一般使用默认值为其他数据成员赋值。

根据要求完成以下的类定义。

```
#include<iostream.h>
class MyTest
{
    private:
        int n;
        double v;
    public:
        MyTest();                   //构造函数 1
        MyTest(int);                //构造函数 2
        MyTest(int,double);         //构造函数 3
        ~MyTest();
};
```

- 给出创建下面对象时执行的构造函数。

```
MyTest one;
MyTest two(3,7);
MyTest two(1,23.87);
```

- 给出构造函数 1 的定义,将私有的数据成员初始化为 0。
- 给出构造函数 2 的定义,将私有的数据成员 n 初始化为相应的参数值,数据成员 v 采用默认值 0。
- 给出构造函数 3 的定义,将私有的数据成员分别初始化为相应的参数值。

6.6 对 象 数 组

类对象数组就是数组元素为对象的数组。其声明方式为

类名 标识符[常量];

当声明某个类的对象数组时,编译器会调用默认构造函数(无参数),或者所有参数都有默认值的构造函数创建每个元素。当对象数组生命期结束时,析构函数将以构造函数调用的反次序被调用。

能够声明对象数组。
掌握对象数组元素的赋值方法。

掌握创建对象数组时构造函数的调用次序。

掌握撤销对象数组时析构函数的调用次序。

任务驱动

任务一

（1）任务的主要内容

某机构将举办一系列（3场）捐款活动，每笔捐款的17%将作为活动经费，其他的83%将存入慈善基金。请编写一个程序来记录该机构在每次活动中募捐款的数量，并显示本次捐款中活动经费的数额。设计一个 DonationItem 类，该类用来记载和计算每次捐款活动的结果。该类具体的成员包括：

- 数据成员 double 类型的 number 和 expencess，分别代表当次捐款数额和活动经费；
- 静态数据成员 double 类型的 Donation，表示慈善款数目；
- 定义构造函数；
- 定义常函数成员 show，输出数据成员的值；
- 定义静态函数成员 sum，统计慈善款数目；
- 在 main 函数中声明对象数组，分别代表3场捐款活动，最后输出本次活动结束后慈善款数目。

（2）任务的代码

```cpp
#include<iostream.h>
class DonationItem{
    private:
        double   number;                    //捐款数目
        double   expencess;                 //活动经费
    public:
        static  double  Donation;           //慈善款数目
        DonationItem();
        void show ()const ;                 //输出慈善款数目
        static void sum(double);            //计算慈善款数目
};
double   DonationItem::Donation=7649.23;
DonationItem::DonationItem()
{
    cout<<"请输入您的捐款数额"<<endl;
    cin>>number;
    cout<<"您的捐款中17%将作为活动经费,其余部分我们将用于慈善事业,谢谢!"<<endl;
    expencess=number * 0.17;
    sum(number * 0.83);
}
void DonationItem ::sum(double netDonation)
{
    Donation=Donation+netDonation;
}
void DonationItem ::show ()const
```

```
{
    cout<<"本次活动共募捐："<<number
        <<",其中活动经费："<<expencess
        <<"存入慈善基金："<<number * 0.83<<endl;
}
int main()
{
    cout<<"新的捐赠活动之前,已有善款："<<DonationItem::Donation<<endl;
    DonationItem d[3];                        //3场捐款活动
    cout<<"本次捐赠活动之后,慈善款数目数额为："<<DonationItem::Donation<<endl;
    return 0;
}
```

程序运行结果如下：

（3）任务小结或知识扩展

- 对象数组是指数组元素为对象的数组；
- 声明对象数组就是调用构造函数创建数组容量个对象。

任务二

（1）任务的主要内容

- 设计一个 Date 类，能够简单显示年月日。在 main 函数中声明对象数组，注意构造函数的调用；
- 使用赋值语句重新给数组元素赋值；
- 注意构造函数与析构函数的执行次序。

（2）任务的代码

```
#include<iostream.h>
class Date
{
    private:
        int month,day,year;
    public:
        Date();                            //默认构造函数
        Date(int m,int d=1,int y=2003);    //参数带默认值的构造函数
        ~Date();                           //析构函数
};
Date::Date()
{
    cout<<"Date()正在执行"<<endl;
```

```
}
Date::Date(int y,int m,int d):year(y),month(m),day(d)
{
    cout<<"Date(int,int,int) 正在执行"<<endl;
}
Date::~Date()
{
    cout<<"~Date()正在执行"<<endl;
}
int main()
{
    Date d[2];                          //调用默认构造函数创建数组元素
    Date temp(5,3,2010);                //调用 Date(int,int,int)
    Date t[]={Date(),Date(4,19)};       //根据实参确定需要调用的构造函数
    return 0;
}
```

程序运行结果如下:

(3) 任务小结或知识扩展

如果用户提供了构造函数(哪怕只是一个),系统就不再提供默认构造函数。此时如果用户指定的构造函数带有参数,还想要无参构造函数,就必须自己定义。析构函数是唯一的,它被应用到该类的所有对象上,不管要撤销的对象有多么不同。

实践环节

- 将上述数组元素初始化语句改为 Date d[2]={(5,3,2010)};,观察构造函数的执行。
- 在上述 main 函数中增加代码 Date * ptr=&Date(1,1,2012);,观察构造函数、析构函数的执行,并解释原因。

6.7 new 和 delete

核心知识

C++ 提供关键字 new 和 delete 分配和释放堆空间。通过 new 建立对象时首先分配空间,然后自动调用构造函数,使用 delete 删除对象时首先调用析构函数,再释放空间。

new 返回指向所请求的准确类型对象的指针;如果声称是 new Type,则返回的将是指向 Type 类型的指针;如果声明是 new char 数组,那么返回的将是指向这个数组的指针。

使用 new 从堆上分配对象数组,只能调用默认构造函数;使用 delete 运算符撤销对象

时,需要指明正在删除的是一个指向对象数组的指针。

能力目标

能够使用 new 和 delete 创建和撤销堆对象和对象数组。

理解 new 可以调用构造函数,delete 调用析构函数。

任务驱动

任务一

(1) 任务的主要内容

设计一个类 Person,定义两个构造函数:无参构造函数和带参构造函数,使用 new 和 delete 创建堆对象。注意构造函数和析构函数的执行次序。

(2) 任务的代码

```
#include<iostream>
#include<string>
using namespace std;
class Person
{
    private:
        string name;
    public:
        Person();
        Person(string);
        ~Person();
};
Person::Person()
{
    cout<<"默认构造函数正在执行,创建无名对象。"<<endl;
}
Person::Person(string s):name(s)
{
    cout<<"带参构造函数 person()正在执行,创建对象: "<<name<<endl;
}
Person::~Person()
{
    cout<<"~Person 正在执行,析构对象: "<<name<<endl;
}
int main()
{
    Person * Holmes=new Person("福尔摩斯");     //调用带参数的构造函数
    Person * Watson=new Person();               //调用默认构造函数
    delete Watson;                              //delete 调用析构函数撤销对象
    Person * ptr=&Person();          //调用默认构造函数创建对象,由系统调用析构函数撤销它
    delete Holmes;                             //delete 调用析构函数撤销对象
    return 0;
}
```

程序运行结果如下：

（3）任务小结或知识扩展

使用 new 操作符创建对象时，根据后面类类型带的参数决定执行哪个构造函数。堆对象在整个程序运行都存在，但用户可以使用 delete 操作符提前析构堆对象。

用户常常由于以下原因使用堆空间。

- 直到程序执行时才知道具体使用多少对象空间；
- 不知道对象的生命期有多长；
- 直到运行时才知道一个对象占用的内存空间。

任务二

（1）任务的主要内容

- 设计一个类，分别定义一组重载的构造函数；
- 创建一个堆对象数组和一个对象数组，观察其构造函数的调用；
- 观察两个对象数组的释放。

（2）任务的代码

```cpp
#include<iostream.h>
class Desk
{
    private:
        double width,length,height;
    public:
        Desk();
        Desk(double, double,double);
        ~Desk();
};
Desk::Desk()                //默认构造函数
{
    cout<<"默认构造函数正在执行"<<endl;
}
Desk::Desk(double w, double l,double h):width(w),length(l),height(h)
{
    cout<<"Desk(double,double,double)默认构造函数正在执行"<<endl;
}
Desk::~Desk()
{
    cout<<"~Desk()正在执行"<<endl;
}
int main()
{
```

```
Desk * ptr=new Desk[3];                    //调用默认构造函数创建堆对象数组
delete []ptr;                              //delete 析构堆对象数组
Desk desk[2]={Desk(),Desk(50,50,75)};
//根据实参调用具体的构造函数创建对象,由系统调用析构函数完成内存释放
Desk * p=new Desk(75,80,85);               //创建对象
delete p;                                  //delete 析构对象
return 0;
}
```

程序运行结果如下:

(3) 任务小结或知识扩展

对象数组中的每个元素都要调用构造函数,调用时根据参数的不同执行不同的构造函数,并且由系统调用析构函数完成对象数组的撤销。堆对象数组由 new 调用无参或所有参数都有默认值的构造函数完成创建,并将其首地址以指针的方式返回;使用 delete 撤销对象时,需要特别注意在 delete 和被删对象数组的地址之间加上方括号,方括号里可以填写数组长度,也可以是空白。

Desk desk[2]={Desk(),Desk(50,50)};用这种形式定义对象数组时不会直接调用默认构造函数,编译器根据实参来确定调用的构造函数。

实践环节

- 将上述代码中语句“delete []ptr;”改为“delete ptr;”,观察代码编译和执行情况。
- 删掉上述代码中的“delete []ptr;”语句,观察析构函数的执行情况。

本 章 小 结

- 如果类中某个成员函数的名称与类名称相同,那么这个函数是构造函数。构造函数不能有返回值。当一个对象被建立时,程序就会自动调用这个类的构造函数为这个对象进行初始化。
- 构造函数是一个特殊的函数。该函数可以没有参数,也可以有多个参数,并且该函数不指定类型说明。
- 构造函数也可以被多次重载为同样名字的函数,但有不同的参数类型和个数。调用时选择与实参类型和个数一样的那个函数。
- 构造函数重载可以提供创建对象时不同的初始化方式。
- 当一个对象中的数据成员是指向堆的指针时,需要用户定义复制构造函数。

- 定义一个类而没有明确定义构造函数的时候,编译器会自动假设两个重载的构造函数(默认构造函数和复制构造函数)。这两个默认构造函数只有在没有其他构造函数被明确定义的情况下才存在。如果任何其他有任意参数的构造函数被定义了,这两个构造函数就都不存在了。
- 析构函数是"反向"的构造函数,它们在对象被撤销时自动调用,析构函数的名称除了最前面的"~"符号外,与类的名称相同。
- 析构函数的规则:
  ◇ 没有参数;
  ◇ 不能说明有任何返回类型;
  ◇ 不能用 return 语句返回值;
  ◇ 不能声明为 const 或 static。
- 在类定义没有定义任何构造函数或者析构函数时,编译器自动生成一个不带参数的缺省构造函数或者缺省析构函数。
- 复制构造函数的特点如下:
  函数名同类名,因为它也是一种构造函数,并且该函数也不被指定返回类型;
  只有一个参数,并且是对某个对象的引用;
  每个类都必须有一个复制构造函数,其格式如下所示。

  <类名>::<复制构造函数>(const<类名>&<引用名>)

  如果类中没有说明复制构造函数,则编译系统自动生成一个具有上述形式的缺省复制构造函数,作为该类的公有成员。
- 对象的释放发生在以下几种情况。
  使用运算符 new 分配的对象被 delete 删除;
  一个具有块作用域的本地对象超出其作用域(例如函数);
  临时对象的生存周期结束;
  程序运行结束。
- 对象的生存期是指对象从被创建开始到被释放为止的时间段。
- 静态成员为同类的所有对象提供一种共享机制。
- 静态数据成员在编译时建立并初始化。
- 类的静态成员依赖于类,与是否建立对象无关。
- 按生存期的不同对象可以分为三种:局部对象、静态对象、全局对象。
  ◇ 局部对象:被定义在一个函数体或程序块内。它的生存期是从对象创建到程序退出定义该对象所在的函数体或程序块为止。
  ◇ 静态对象:被定义在一个函数中。它的生存期是从对象创建到程序结束。
  ◇ 全局对象:被定义在一个程序中。它的生存期是从程序开始到程序结束。
- 所谓堆对象是指在程序运行过程中根据需要可以建立或删除的对象。
- 使用堆对象时,需要运算符 new 创建对象;delete 删除对象。

习　题　6

1. 写出下面程序的运行结果,注意对象以引用或指针的方式作为函数参数。

```cpp
#include<iostream.h>
class  A
{
    public:
        void fun ();
        A (int);
        void print()const;
        int  c;
};
void A::fun ()
{
    cout<<"in A::fun()"<<endl;
}
A::A (int i):c(i)
{
    cout<<"in A::A()"<<endl;
}
void A::print()const
{
    cout<<"c="<<c<<endl;
}
void fun1(A * s)
{
    cout<<"in fun1 call for s->c="<<s->c<<endl;
}
void fun2(A &t){
    t.c=20;
    cout<<"in fun2 call for t.c="<<t.c<<endl;
}
void main()
{
    A a(10);
    fun1(&a);
    a.print();
    fun2(a);
    a.print();
}
```

2. 写出下面程序的运行结果,注意对象以常引用的方式作为函数参数。

```cpp
#include<iostream.h>
class A
{
    private:
        int k;
```

```
    public:
        A(int);
        int setk() const;
};
A::A(int i):k(i)
{       }
int A::setk()const
{
    return k;
}
int add(const A&g1,const A&g2)
{
    int sum=g1.setk()+g2.setk();
    return sum;
}
void main()
{
    A k1(8),k2(17);
    int s=add(k1,k2);
    cout<<s<<endl;
}
```

3. 写出下面程序的运行结果,注意类的数据成员和函数成员中的局部变量以及程序中的全局变量。

```
#include<iostream.h>
class A
{
    public:
        A(int,int);
        int Xcoord()const;
        int Ycoord()const;
        void Move(int ,int);
    private:
        int X,Y;
};
A::A(int dx,int dy):X(dx),Y(dy)
{       }
int A::Xcoord()const
{    return X;      }
int A::Ycoord()const
{    return Y;      }
void A::Move(int dx,int dy)
{
    X+=dx;
    Y+=dy;
    cout<<X<<","<<Y<<endl;
}
int X=9,Y=18;
void main()
{
```

```
    A a(4,5);
    a.Move(1,2);
}
```

4. 写出下面程序的运行结果,注意复制构造函数中的引用和友元。

```cpp
#include<iostream.h>
class A{
    private:
        int i;
        int * p;
    public:
        A(int i);
        A(A &a);
        friend void print(A &a);
        void print()const;
};
A::A(int i)
{
    A::i=i;
    p=new int(i);
}
A::A(A &a)
{
    A::i=a.i;
    A::p=a.p;
}
void A::print()const
{
    cout<< "i="<<i<<endl
      << " * p="<< * p<<endl;
}
void print (A &a)
{
    a.i=20;
    cout<< "a.i="<<a.i<<endl;
}
void main()
{
    A a1(10);
    a1.print();
    print(a1);
    A a2(a1);
    a2.print();
    print(a2);
}
```

5. 写出下面程序的运行结果,注意 new 和 delete。

```cpp
#include<iostream.h>
class A
{
```

```
        private:
            int x,y;
        public:
            A(int,int);
            ~A();
            void print()const;
    };
    A::A(int i,int j)
    {
        x=i;y=j;
        cout<<"constructor.\n";
    }
    A::~A()
    {
        cout<<"destructor.\n";
    }
    void A::print()const
    {
        cout<<"x="<<x<<";"<<"y="<<y<<endl;
    }
    void main()
    {
        A * a1,* a2;
        a1=new A(1,2);
        a2=new A(5,6);
        a1->print();
        a2->print();
        delete a1;
        delete a2;
    }
```

6. 编写一个程序,将输入的二进制数转换为十进制整数。该程序中有一个类 NumberType,它的功能有:

- 存储二进制数;
- 将二进制数转化为十进制数并保存;
- 根据用户的需要将数字显示为二进制或十进制数;
- 添加适当的构造函数;
- 使用几组数测试程序,12、748、9181、10110010、10000001。

7. 编写一个程序,用来统计计算学生的成绩。该程序中有一个 Student 类,它的成员及功能是:

- 数据成员 score,记载学生成绩;
- 添加适当的构造函数;
- 静态数据成员 total(总分)和 count(总人数);
- 函数成员 setScore(double)用来设置学生成绩;
- 静态函数成员 sum 用来返回总分;
- 静态函数成员 ave 用来求平均值。

8. 编写一个程序,用来统计各种箱子的规格。该程序要求设计一个 Box 类。

- 数据成员包括:length(长)、width(宽)和 height(高);
- 定义无参构造函数;
- 定义带有三个参数的构造函数;
- 定义函数成员 volume,计算箱子的体积;
- 在 main 函数中根据用户需要定制箱子(设置箱子的规格并计算箱子的总体积)。

9. 编写一个程序用来对某学校图书馆的书籍资料进行显示、借阅和归还。程序中设计一个 Book 类,它的成员有以下几种。

- 数据成员 bookName 表示书名,bookPrice 表示书的价格,number 表示存书数量。
- 函数成员有 show,能够显示图书情况;borrow 表示发生一次借阅需要将当前的存书数目减一,并显示存书量;restore 将存书数目增加一,并显示存书量。
- 在 main 函数中创建图书对象,对图书进行简单的显示、借阅和归还。
- 添加适当的构造函数。
- 为 Book 类增加数据成员 ISBN 和出版商信息。ISBN 是国际标准书号,由四段共十位数字组成。
- 当数据成员增加之后,修改相关的函数成员,使其适应改变。

10. 在上题的练习中再设计一个 Member 类,具体要求如下:

- 每个 Member 类对象都有一个人的人名、ID、目前借书的书目;
- Member 类中提供函数成员,能够修改、设置人名,也能够对当前对象的书目进行更新、修改;
- 添加适当的构造函数;
- 在 main 函数中测试该类的不同操作。

单继承与组合

C++ 最重要的特征之一是代码可重用,这不是简单的代码复制和修改,而是通过一个类创建出另一个类,从而能够使用别人已创建好并得到应用的类。

C++ 提供两种方法来使用已存在的类:继承和组合。继承不修改原有类(基类)的结构,用新类(派生类)需要的功能覆盖或修饰这些属性或行为。如果一个类从一个基类派生而来,称为单继承;新类从多个基类派生,称为多继承。继承是面向对象的基石,它能使程序员直接使用基类的数据成员和函数成员,而不是重新编写完整的代码,从而节省大量的时间。组合是指在新类中直接把已经存在的类对象作为数据成员,从而间接使用类中的公有成员。

7.1 基类和派生类

核心知识

- 继承是软件重用的一种形式。通过继承,将原有类(基类,base class)的属性和行为传递给新类(派生类,derived class),新类可以根据需要修饰或覆盖这些属性或行为。这样一来,新类可以直接使用已定义好的类,而不是编写完整的代码。
- 派生类只从一个类中继承,这种继承是单继承;如果派生类由多个基类派生而来,则为多继承。派生类可以成为其他派生类的基类。派生类可以添加自己的数据成员和成员函数,所以派生类可以比基类大。这就是继承真正强大的地方:派生类可以对基类继承来的特性进行添加、替换和改进。

例如:图形类 Shape 作为基类,能够派生出 Triangle 类(三角形)、Circle 类(圆)等。

```
class Shape
{
    void getArea()
    {  }
};
class Triangle: public Shape
{
    private:
        int x,y,z;
    public:
        Triangle(int a,int b,int c):x(a),y(b),z(c)
        {  }
};
```

继承构成了类似树的层次结构。基类和派生类存在继承关系。类和继承机制一起使用时,类可以单独存在,也可以成为为其他类提供属性和行为的基类,也可以成为继承属性和行为的派生类。

这种继承层次结构可以通过例子说明:大学由成千上万的成员组成,这些人包括:校友 Alumnus(已毕业的学生)、在校学生 Student、员工 Employee。其中员工中主要是管理者 Administrator 和教员 Teacher,有些管理人员也授课,它们是 Administrator Teacher。

能力目标

掌握基类和派生类的概念。

能够使用已定义的基类派生出新类。

掌握派生类对象的构造和撤销顺序。

任务驱动

任务一

(1) 任务的主要内容

编写一段程序,测试基类和派生类对象的内存大小和布局。该程序中包含两个类,基类 Base 和派生类 Derived,具体要求如下:

- 定义 Base 类。它的数据成员是 ival_B 和 dval_B;它的函数成员是带有默认参数的构造函数。
- 定义 Derived,它是 Base 类的派生类。
- Derived 类的数据成员是 ival_D,函数成员是构造函数。
- 在 main 函数中定义派生类 Derived 对象,分别输出这两个类对象的内存大小和布局。

(2) 任务的代码

```cpp
#include<iostream.h>
#include<stddef.h>
class Base                          //定义基类
{
    public:
        int ival_B;
        int dval_B;
        Base(int a=0,double d=0):ival_B(a),dval_B(d)
        {           }
};
class Derived:public Base           //定义派生类
{
    public:
        int ival_D;
        Derived(int x=9):ival_D(x)
        {           }
};
```

```
void main()
{
    Derived d;
    //输出基类和派生类类型的内存大小
    cout<<"sizeof(Base)="<<sizeof(Base)<<endl
        <<"sizeof(Derived)="<<sizeof(Derived)<<endl;
    //输出派生类对象的内存布局
    cout<<"offsetof(Base,ival_B)"<<offsetof(Base,ival_B)<<endl
        <<"offsetof(Base,dval_B)"<<offsetof(Base,dval_B)<<endl
        <<"offsetof(Derived,ival_D)"<<offsetof(Derived,ival_D)<<endl;
}
```

程序运行结果如下：

```
sizeof(Base)=8
sizeof(Derived)=12
offsetof(Base,ival_B)0
offsetof(Base,dval_B)4
offsetof(Derived,ival_D)8
```

（3）任务小结或知识扩展
- 派生类类型占用内存单元的大小取决于基类类型和自身的数据成员大小；
- 创建派生类对象时，首先构建基类的数据成员，再构建自身数据成员。

任务二

（1）任务的主要内容
编写一段程序，测试单继承情况下，派生类对象的创建和撤销过程。
- Person 类是基类，它包含两个函数成员：构造函数和析构函数；
- Kid 类是 Person 类的 public 派生类，它定义了自己的构造函数和析构函数；
- 在 main 函数中定义 Kid 类对象 youyou，观察继承体系下构造函数和析构函数的执行次序。

（2）任务的代码

```
#include<iostream.h>
class Person
{
    public:
        Person();
        ~Person();
};
Person::Person()
{
    cout<<"正在执行 Person 类的构造函数。"<<endl;
}
Person::~Person()
{
    cout<<"正在撤销 Person 类对象。"<<endl;
}
class Kid:public Person
```

```
{
    public:
        Kid();
        ~Kid();
};
Kid::Kid()
{
    cout<<"正在执行 Kid 类的构造函数。"<<endl;
}
Kid::~Kid()
{
    cout<<"正在撤销 Kid 类对象。"<<endl;
}
int  main()
{
    Kid  youyou;
    return 0;
}
```

程序运行结果如下：

```
正在执行Person类的构造函数。
正在执行Kid类的构造函数。
正在撤销Kid类对象。
正在撤销Person类对象。
```

（3）任务小结或知识扩展

- C++ 描述继承关系的语法是：

```
class 派生类名：[继承方式] 基类名表
{
    //数据成员和函数成员的说明
}
```

- 单继承下，派生类对象的创建首先需要调用基类的构造函数完成基类对象的创建，再执行派生类的构造函数创建和初始化新增成员；当撤销派生类对象时，首先调用派生类析构函数，然后调用基类析构函数。

实践环节

为上例中的类增加数据成员，并进行测试。

- 在 Person 类中增加 ID，表示个人唯一标识（例如身份证号码）；
- 在 Kid 类中增加 PetName，表示昵称；
- 在 main 函数中分别测试 Person 类对象和 Kid 类对象的内存长度。

7.2 继　　承

核心知识

利用继承可以定义一种新类，它继承基类所有数据成员和函数成员，可以根据需要添加自己的数据成员和成员函数,并且可以重新定义基类的成员函数。

C++提供了3种类型的继承:public、protected和private。具体的语法形式是:

```
class    派生类名:[继承方式] 基类名 1,[继承方式] 基类名 2
```

继承属性不同,派生类对基类成员访问属性也不同,如表 7.1 所示。

表 7.1 派生类对基类成员的访问属性

基类成员	private 继承	protected 继承	public 继承
public	在派生类中为 private	在派生类中为 protected	在派生类中为 public
protected	在派生类中为 private	在派生类中为 protected	在派生类中为 protected
private	隐藏在派生类中,但无法直接访问	隐藏在派生类中,但无法直接访问	隐藏在派生类中,但无法直接访问

观察表 7.1,可以发现:

(1)派生类不允许直接访问基类的 private 成员。

(2)protected 继承下,基类的 public 成员在派生类中访问权限变成 protected;继承方式是 public 时,基类成员访问权限保持不变,这种继承方式最为常见。

以单继承为例说明继承方式。

能力目标

掌握单继承说明。

掌握 public 和 private 继承,了解 protected 继承。

掌握继承中构造函数调用时数据成员的初始化。

任务驱动

任务一

(1)任务的主要内容

编写一个程序,其中包含两个类:Father 类和 Son 类。具体要求如下:

- Father 类中的数据成员:private 的 Account_number(银行账号)、protected 的 MP(移动电话号码)以及 public 的 ZipCode(家庭邮编号码)。
- 定义 Father 类的构造函数,使用常量初始化数据成员。
- 定义 Son 类,它由 Father 的 private 派生类。
- Son 类的常函数成员 show,访问基类的所有非私有数据成员。
- 在 main 函数中定义派生类对象,调用 show 函数,测试派生类对象访问基类成员的访问权限。

(2)任务的代码

程序运行结果如下:

```
#include<iostream.h>
class Father
```

```
{
    private:
        long Account_number;              //银行账号,私有成员
    protected:
        long MP;                          //移动电话号码,保护成员
    public:
        long ZipCode;                     //家庭邮编,公有成员
        //Father 类构造函数的成员初始化列表使用常量初始化类数据成员
        Father():Account_number(2423961),MP(88808080),ZipCode(100010)
        {       }
};
class Son:private Father                   //private 继承
{
    public:
        void show()const;
};
void Son::show() const
{
    cout<<"Father::Account_number="<<Father::Account_number<<endl;
    //派生类中不能直接访问基类的 private 成员
        cout<<"在派生类中访问 Father::MP="<<Father::MP<<endl;
        cout<<"在派生类中访问 Father::ZipCode="<<Father::ZipCode<<endl;
}
int main()
{
    cout<<"sizeof(Father)="<<sizeof(Father)
      <<",sizeof(Son)="<<sizeof(Son)<<endl;
    Son littleboy;
    littleboy.show();
    return 0;
}
```

程序运行结果如下：

```
sizeof(Father)=12,sizeof(Son)=12
在派生类中访问Father::MP=88808080
在派生类中访问Father::ZipCode=100010
```

（3）任务小结或知识扩展

- 基类的所有数据成员也是派生类的数据成员,基类的函数成员(除非重新定义过)也是派生类的函数成员。
- 基类的私有成员是基类专有的,派生类的成员不能直接访问它们。

任务二

（1）任务的主要内容

编写一个程序,测试 public 继承时派生类访问基类的权限。具体要求如下：

- 定义 Person 类的私有数据成员：name 和 ID；
- 定义 Person 类的构造函数,该函数带有参数；
- 定义 Person 类的 public 派生类 Student；

- Student 类的数据成员是 studentID；
- 定义 student 类的构造函数；
- 在 main 函数中声明派生类对象，注意派生类构造函数调用基类构造函数完成对基类私有数据成员的初始化。

（2）任务的代码

```cpp
#include<iostream>
#include<string>
using namespace std;
class Person
{
    private:
        char name[50];
        int ID;
    public:
        Person(char * ,int);
};
Person::Person(char * s,int id):ID(id)
{
    strcpy(name,s);
    cout<<"Person::name="<<s<<endl
      <<"Person::ID="<<ID<<endl;
}
class Student:public Person
{
    private:
        int studentID;
    public:
        Student(char * ,int,int);
};
Student::Student(char * s,int id,int x):Person(s,id)
                                            //显式调用基类构造函数,传递参数
{
    studentID=x;
    cout<<"Student::studentID="<<studentID<<endl;
}
int main()
{
    Student  s("James",32323,40131);
    return 0;
}
```

程序运行结果如下：

```
Person::name=James
Person::ID=32323
Student::studentID=40131
```

（3）任务小结或知识扩展

- public 继承时，派生类可以访问基类的 public 和 protected 成员，不能直接访问基类中 private 成员,可以通过基类提供的接口(指 public 的函数成员)访问私有成员。本例中派生类 Student 的构造函数调用基类构造函数完成对基类私有成员的初始化。

- 当基类中有默认构造函数(无参构造函数或所有参数都带默认值的构造函数)或者根本没有定义构造函数时,派生类构造函数的定义中可以省略对基类构造函数的调用。

- 当基类的构造函数使用一个或多个参数时,派生类必须定义构造函数,并且提供将参数传递给基类构造函数途径。

实践环节

所有的箱子都有属性:重量和高度。设计一个 Box 类,该类能够设置和输出箱子的重量和高度;根据 Box 类,设计一个彩色箱子类 ColorBox,该类的数据成员除了具有重量、高度之外,还有色彩,在该类中提供函数成员设置、输出箱子的色彩。仔细阅读下面的代码,写出运行结果。

```cpp
#include<iostream.h>
class Box
{
    private:
        int weight,height;
    public:
        void set(int,int);
        void print()const;
};
void Box::set(int x,int y)
{
    weight=x;
    height=y;
}
void Box::print()const
{
    cout<< "weight= "<<weight<<endl
      <<"height= "<<height<<endl;
}
class ColorBox:public Box      //ColorBox 是 Box 的一种
{
    private:
        int color;
    public:
        void setcolor(int);
        void printcolor()const;
};
void ColorBox::setcolor(int i)
{
    color=i;
}
void ColorBox::printcolor()const
```

```
{
    cout<<"color="<<color<<endl;
}
int main()
{
    ColorBox box;
    box.setcolor(123);          //调用 ColorBox 的函数成员 setcolor
    box.set(100,100);           //调用基类的函数成员 set
    box.print();
    box.printcolor();
    return 0;
}
```

7.3 组   合

核心知识

继承机制使用已经定义好的类(基类)为基础,创建出派生类。派生类本质上首先是基类(它拥有基类的数据成员和操作),然后增加新的数据成员和操作。从这个意义上讲,派生类"是一个"(is-a)基类。例如水杉和苔藓都是植物。拥有植物的共同特征,但是水杉和苔藓有各自的特征。

组合是将两个类联系在一起的另一种方法。在组合中,类的一个或多个数据成员是另一种类型的对象。组合是"包含"(has-a)关系。例如 Date 类中的数据成员包含年、月、日,Person 类中包含数据成员 ID(例如身份证信息)、姓名和生日,生日信息就是 Date 类的对象。

当一个类的成员是某个类的对象时,该对象就是子对象。

下面给出组合的具体例子。

```
class Point{
    private:
        int x,y;
    public:
        Point(int,int);
        void set(int,int);
};
class Rectangle                         //直角矩形类
{
    private:
        Point p_leftup,p_rightdown;     //数据成员包含 Point 类对象
    public:
        double getPerimeter();          //计算直角矩形的周长
        double getArea();               //计算直角矩形的面积
};
```

能力目标

掌握组合的语法。

掌握组合创建对象时构造函数的执行次序。

任务驱动

（1）任务的主要内容

编写一个程序测试组合情况下构造函数的执行次序。该程序中包含两个类，分别是
Date 和 Person，具体要求如下：

- 定义 Date 类，它包含数据成员年、月、日，函数成员是带有三个参数的构造函数。
- 定义 Person 类，其数据成员有两个：char 类型的数组来存储姓名和 Date 类型的对
  象存储生日；该类的构造函数将对数据成员做初始化工作。
- 在 main 函数中定义 Person 类对象，注意两个构造函数的执行次序。

（2）任务的代码

```
#include<iostream.h>
#include<string>
using namespace std;
class Date                    //日期类
{
    private:
        int year,month,day;
    public:
        Date(int,int,int);
};
Date::Date(int y,int m,int d):year(y),month(m),day(d)
{
    cout<<"正在执行 Date 类的构造函数"<<endl;
}
class Person
{
    private:
        char name[20];
        Date bDay;         //数据成员包含 Date 类对象
    public:
        Person(char *,int,int,int);
};
Person::Person(char * str,int year,int month,int day):bDay(year,month,day)
{
    strcpy(name,str);
    cout<<"正在执行 Person 类的构造函数构造对象："<<name
        <<",出生于"<<year<<"年"<<month<<"月"<<day<<"日"<<endl;
}
int main()
{
    cout<<"sizeof(Date)="<<sizeof(Date)<<endl
        <<"sizeof(Person)="<<sizeof(Person)<<endl;
    Person Detective("夏洛克·福尔摩斯",1854,1,6);
    return 0;
}
```

程序运行结果如下：

```
sizeof(Date)=12
sizeof(Person)=32
正在执行Date类的构造函数
正在执行Person类的构造函数构造对象：夏洛克·福尔摩斯.出生于1854年1月6日
```

（3）任务小结或知识扩展
- 组合情况下类对象的内存单元由类中所有数据成员（包括对象成员）决定；
- 组合情况下构造函数的执行次序是：先执行对象成员的构造函数再执行自身的构造函数。

实践环节

- 请为上例中的 Date 类增加四个函数成员：getDay()、getMonth()、getMonth()和 print()。其功能分别是返回日、返回月、返回年和输出完整的年月日信息。
- 请为上例中的 Person 类增加数据成员 PersonID 和函数成员 set，PersonID 代表身份证信息，set 函数用来对当前对象的数据成员进行赋值。

7.4 protected 成员

核心知识

基类的 public 成员可以由程序中所有函数访问，基类的 private 成员只能被基类的成员函数和 friend 访问。而 protected 成员只能被基类成员（和 friend）访问，或者由派生类的成员（和 friend）访问。

一般来说，类的设计者仅在需要满足独特性能时才使用 protected。

能力目标

了解 protected 成员在继承机制中的作用。

任务驱动

（1）任务的主要内容
编写一段程序，测试继承机制中 protected 的作用。程序中包含两个类，基类 Base 和派生类 Derived。具体要求如下：
- Base 类中的数据成员包含 private 成员 i，protected 成员 d；函数成员包含构造函数和 show_Base；构造函数用来为数据成员赋值；show_Base 用来输出对象中两个数据成员的值。
- Derived 类是 Base 的 private 子类。
- Derived 类中的数据成员是 private 的 ival_D。
- Derived 类中的函数成员包含构造函数、show_Derived 函数和 reset 函数；其中 reset 函数试图修改当前对象中的数据成员，发现不能直接访问继承而来的 Base::i，可以访问 Base::d 和自身的数据成员 ival_D。

● 在 main 函数中创建对象,进行测试。

(2) 任务的代码

```cpp
#include<iostream.h>
class Base                          //定义基类
{
    private:
        int i;
    protected:
        double d;
    public:
        Base(int a=0,double b=0):i(a),d(b)
        {    }
        void show_Base() const;
};
void Base::show_Base() const
{
    cout<<"正在执行 Base 类中的函数成员 show_Base,它的私有成员 i="<<i<<",保护成员
    d="<<d<<endl;
}
class Derived:private Base          //定义派生类
{
    private:
        int ival_D;
    public:
        Derived::Derived(int x=9):ival_D(x)
        {    }
        void show_Derived()const;
        void reset(int ,double);
};
void Derived::show_Derived()const
{
    Base::show_Base();              //通过该函数访问基类中的 private 成员
    cout<<"正在执行 Derived 类中的函数成员 show_Derived,它的私有成员 ival_D="
      <<ival_D<<endl;
}
void Derived::reset(int x,double y)
{
    Base::i=x;                      //不能直接访问基类中的 private 成员
    Base::d=y;                      //派生类成员函数可以直接访问基类的 public 成员
    ival_D=x;                       //派生类成员函数可以访问自己的 private 成员
}
int main()
{
    Derived  d(702);
    d.show_Derived();
    d.reset(188,23);
    Base::d=90321;                  //类外不能直接访问 protected 成员
    d.show_Derived();
    return 0;
}
```

程序运行结果如下：

```
正在执行Base类中的函数成员show_Base, 它的私有成员i=0,保护成员d=0
正在执行Derived类中的函数成员show_Derived, 它的私有成员ival_D=702
正在执行Base类中的函数成员show_Base, 它的私有成员i=0,保护成员d=23
正在执行Derived类中的函数成员show_Derived, 它的私有成员ival_D=188
```

（3）任务小结或知识扩展

protected 成员能被自身和派生类成员访问。

实践环节

尝试为 Base 类增加一个 friend 函数 set,该函数能够根据输入修改 Base 类对象的数据成员的值,并调用 show_Base 进行输出。

7.5 派生类对象的构造

核心知识

派生类继承了基类的成员,所以为派生类声明对象时,必须先调用基类的构造函数初始化派生类对象的基类成员。可以在派生类构造函数中提供基类初始值,显式调用基类构造函数,也可以由派生类的构造函数隐含地调用基类构造函数(注意参数匹配问题)。当对象被撤销时,派生类析构函数先于基类析构函数被调用。

在派生类中,继承得到的基类子对象可以直接被访问,就好像它们是派生类的成员一样;派生类对象可以调用继承来的基类成员函数。

能力目标

掌握继承机制下构造函数的执行次序。

了解继承机制下组合情况中构造函数的执行次序。

任务驱动

任务一

（1）任务的主要内容

编写一段程序,测试创建派生类对象时构造函数和析构函数的执行次序。本程序中包含两个类：基类 Point 和派生类 Circle,具体要求如下：

- 类 Point 的数据成员是私有的,用 x 和 y 记载点的坐标。
- 类 Point 的函数成员有三个：带有参数的构造函数、析构函数和输出数据成员的常函数成员 show。
- 类 Circle 是 Point 的公有派生类。
- 类 Circle 新增的数据成员是 double 类型的 radius,记载半径。
- 类 Circle 的构造函数有三个参数,并且需要显式地调用 Point 的构造函数。
- 类 Circle 用自定义的析构函数。
- 在 main 函数中创建 Circle 类对象,观察构造函数和析构函数的执行次序。

（2）任务的代码

```cpp
#include<iostream.h>
class Point
{
    private:
        int x,y;
    public:
        Point(int,int);
        ~Point();
        void show()const;
};
Point::Point(int a,int b):x(a),y(b)
{
    cout<<"在基类构造函数中"<<endl;
}
Point::~Point()
{
    cout<<"在基类析构函数中"<<endl;
}
void Point::show()const
{
    cout<<",Point::x="<<x<<",Point::y="<<y<<endl;
}
class Circle:public Point              //Circle 类是 Point 类的派生类
{
    private:
        double radius;
    public:
        Circle(double,int,int);
        ~Circle();
};
Circle::Circle(double r,int a,int b):Point(a,b)
{
    radius=r;
    cout<<"派生类构造函数正在创建的对象数据成员分别是 Circle::radius="<<radius;
    show();                            //派生类构造函数直接调用基类中的函数成员
}
Circle::~Circle()
{
    cout<<"在派生类析构函数中"<<endl;
}
int main()
{
    Circle(10,5,5);
    return 0;
}
```

程序运行结果如下：

```
在基类构造函数中
派生类构造函数正在创建的对象数据成员分别是Circle::radius=10，Point::x=5，Point::y=5
在派生类析构函数中
在基类析构函数中
```

（3）任务小结或知识扩展

派生类对象的创建一般分两种情况。

- 基类中定义了构造函数，该函数能够对派生类对象中的基类成员完成初始化，则派生类的构造函数无须显示调用基类构造函数；
- 基类的构造函数不能完成基类成员的初始化，则必须通过派生类显式向基类构造函数传递参数。

任务二

（1）任务的主要内容

编写一段程序，注意区分继承与组合。程序包含 Person 类、Documents 类和 Book 类 3 个类。其中 Book 类是由 Documents 类 public 派生而来，并且其数据成员包含一个 Person 类对象。程序具体要求如下：

- Person 类所有成员为 public 类型的：数据成员 char 类型数组 name、带参构造函数和析构函数；
- Documents 类只有 public 的成员：数据成员 char 类型数组 Title，无参构造函数及析构函数；
- Book 类是 Documents 类的 public 派生类；
- Book 类所有成员都声明为 public，数据成员包含 int 类型变量 pagecount 和 Person 类对象 author；函数成员包含构造函数、析构函数以及一个常函数 show；
- 在 main() 函数中定义 Book 类对象，并用该对象调用函数成员 show。请注意函数执行时 Person 类、Documents 类和 Book 类构造函数、析构函数的执行次序。

（2）任务的代码

```cpp
#include<iostream.h>
#include<string.h>
//////////////////////////定义 Person 类//////////////////////////
class Person
{
    public:
        char name[20];
        Person(char * );
        ~Person();
};
Person::Person(char * pName)
{
    strcpy(name,pName);
    cout<<"正在执行 Person 类构造函数"<<endl;
}
Person::~Person()
```

```
{
    cout<<"正在执行 Person 类析构函数"<<endl;
}
/////////////////////////定义 documents 类/////////////////////////
class   Documents
{
    public:
        char Title[30];
        Documents();
        ~Documents();
};
Documents::Documents()
{
    cout<<"正在执行 Documents 类构造函数"<<endl;
}
Documents::~Documents()
{
    cout<<"正在执行 Documents 类析构函数"<<endl;
}
/////////////////////////定义 book 类/////////////////////////
class   Book:public   Documents
{
    public:
        int   pagecount;
        Person   author;      //Person 类对象作为数据成员,一般称为子对象
        Book(char * ,int,char * );
        ~Book();
        void show() const;
};
Book::Book(char * title,int number,char * pName):author(pName)      //【代码 1】
{
    cout<<"正在执行 book 类构造函数"<<endl;
    strcpy (Title,title);
    pagecount=number;
}
Book::~Book()
{
    cout<<"正在执行 book 类析构函数"<<endl;
}
void Book::show() const
{
    cout <<"文档名为: "<<Title<<",该书约有 "<<pagecount<<"页。作者: "<<author.
        name<<endl;               //【代码 2】
}
/////////////////////////main 函数/////////////////////////
int main()
{
    Book c("佣兵天下",9468,"说不得大师");
    c.show();
    return 0;
}
```

程序运行结果如下：

（3）任务小结或知识扩展

类之间既存在继承又有组合关系时，构造函数的执行次序是：首先，调用基类构造函数；其次，调用子对象的构造函数；最后，调用派生类的构造函数。析构函数的执行次序与构造函数的执行次序相反。

实践环节

- 请为任务二的 main 函数中增加代码，输出 Person 类、Documents 类和 Book 类对象占用的内存大小；
- 请思考【代码 1】处构造函数的写法；
- 思考【代码 2】处 author. name 的用法。

7.6 函 数 覆 盖

核心知识

继承机制使得派生类能够直接使用基类中的成员，允许派生类新增成员，而且当继承而来的函数成员不适合时，派生类可以定义一个函数成员覆盖它。

派生类定义的函数和基类的函数具有相同的名称和特征（包括函数返回类型、形参个数、类型和顺序），仅有函数体不同，这种现象就是函数覆盖；如果派生类的函数和基类的函数函数名相同而参数列表不同，则在派生类中出现函数重载。

发生函数覆盖时，派生类对象调用函数将自动选择派生类定义的函数。如果派生类对象要调用基类定义的函数，则需要在调用语句加上类名称和类作用域操作符（::）。

发生函数重载时，派生类对象根据实际参数确定具体要执行的代码段。

能力目标

掌握派生类函数成员覆盖基类函数成员。

理解函数覆盖和函数重载的不同。

掌握派生类对象调用函数时执行的代码段。

任务驱动

（1）任务的主要内容

编写一段程序，测试继承机制中的函数覆盖和函数重载。该程序中需要定义两个类：基类 Shape 和派生类 Triangle，具体要求如下：

- 基类 Shape 中的函数成员是 show 和 set，注意这两个函数的函数特征；

- Triangle 类是 Shape 类的公有派生类；
- Triangle 类中新增四个数据成员，用来代表两个点的坐标；
- Triangle 类中定义的函数成员：show 和 set，注意 show 和 set 的函数特征；
- 在 main()函数中定义派生类 Triangle 对象，测试函数成员 set 和 show 的执行情况。

（2）任务的代码

```
#include<iostream.h>
class Shape
{
    public:
        void show() const;
        void set();
};
void Shape::show() const
{
    cout<<"正在执行 Shape::show()。"<<endl;
}
void Shape::set()
{    }
class Triangle: public Shape
{
    private:
        int xLeft,yLeft,xRight,yRight;
    public:
        void show()    const;          //该函数覆盖了继承而来的基类函数成员 show
        void set(int,int,int,int);     //该函数和继承而来的基类函数成员 set 重载
};
void Triangle::show()const
{
    cout<<"正在执行 Triangle::show()。"
      <<"xLeft="<<xLeft<<",yLeft="<<yLeft
      <<";xRight="<<xRight<<",yRight="<<yRight<<endl;
}
void Triangle::set(int x1,int y1,int x2,int y2)
{
    xLeft=x1;    yLeft=y1;
    xRight=x2;    yRight=y2;
}
void main()
{
    Triangle t;
    t.Shape::show();              //调用的函数是 Shape::show()
    t.set(0,0,100,100);          //调用派生类中的 set 函数
    t.show();                    //调用的函数默认认为是 Triangle::show()
}
```

程序运行结果如下：

```
正在执行Shape::show()。
正在执行Triangle::show()。xLeft=0,yLeft=0;xRight=100,yRight=100
```

（3）任务小结或知识扩展

派生类中定义的函数成员与基类的函数同名，那么派生类对基类成员的直接访问被屏蔽。派生类对象可以通过类名和类作用域操作符（::）访问到被派生类屏蔽的基类函数成员。例如上例中的 t. Shape::show();。

实践环节

- 如果派生类中没有定义成员函数 show，分析运行结果；
- 在 main()函数中增加代码：Shape * ps＝&t;ps－＞set();ps－＞show();，分析运行结果；
- 为 Triangle 类增加一个无参构造函数，该函数能够将数据成员的值置为 0；
- 在 main()函数中使用 t 调用基类 Shape 和派生类 Triangle 中的函数成员 set 和 show。

7.7 向上类型转换

核心知识

从派生类到基类的类型转换，在继承层次结构上是上升的，所以称为向上类型转换。例如"猫"是"动物"的派生类，"猫是动物"就是向上类型转换。向上类型转换使得具体的类成为一般的类，从而失去了一些属性和操作，所以被认为是安全的，可以由编译器自动完成。

从对象的角度上说，尽管派生类类型和基类类型不同，但是派生类对象具有和基类对象对应的成员，可以认为派生类对象是一个基类对象。因此派生类对象可以直接向基类对象赋值，赋值之后，基类和派生类对象中数据成员的值完全相同；派生类对象可以初始化基类类型引用；派生类对象的地址可以给基类类型指针赋值；甚至，当函数的形参是基类对象或基类类型的引用，都可以用派生类对象作实参。

能力目标

了解向上类型转换的原理。
掌握向上类型转换的语法。
了解向上类型转换发生函数调用时的具体匹配过程。

任务驱动

任务一

（1）任务的主要内容
编写一段程序，测试向上类型转换。设计基类 Animal 和派生类 Cat，具体要求如下：
- 基类 Animal 中定义函数成员 cry；
- 派生类 Cat 是 Animal 的公有派生类；
- Cat 中定义了函数成员 cry 覆盖了基类的 cry；

- 在 main 函数中使用 Cat 类对象为基类指针赋值,完成向上类型转换,使用基类类型指针调用 cry,观察具体执行的代码段。

(2) 任务的代码

```cpp
#include<iostream.h>
class Animal
{
    public:
        void cry() const;
};
void Animal::cry() const
{
    cout<<"动物会叫。"<<endl;
}
class Cat:public Animal
{
    public:
        void cry()const;
};
void Cat::cry()const
{
    cout<<"猫会叫喵喵。"<<endl;
}
int main()
{
    Cat whitecat;
    Animal * pa=&whitecat;          //允许派生类对象给基类类型指针赋值
    pa->cry();                      //调用了 Animal::cry()
    return 0;
}
```

程序运行结果如下:

动物会叫。

(3) 任务小结或知识扩展

- 派生类对象上转为基类类型,将丧失派生类新增的数据成员和函数成员。
- 用基类指针可以指向基类对象和派生类对象,但无法使用该指针调用派生类新增的成员。
- 派生类指针不能指向基类对象。
- 基类对象不能直接赋值给派生类对象。

任务二

(1) 任务的主要内容

编写一段程序,测试向上类型转换时数据成员的赋值。设计两个类:基类 Base 和派生类 Derived,具体要求如下:

- Base 类中函数成员包含无参构造函数、复制构造函数和析构函数;

- Derived 类是 Base 的公有派生类；
- Derived 类的函数成员包括无参构造函数、复制构造函数和析构函数；
- 在 main 函数中声明 Derived 类对象，并把该类对象赋值给 Base 类对象，观察运行结果。

（2）任务的代码

```cpp
#include<iostream.h>
class Base
{
    public:
        Base();
        Base(Base &);                //复制构造函数
        ~Base();
};
Base::Base(    )
{
    cout<<"正在执行 Base 类的构造函数。"<<endl;
}
Base::Base(Base &rb)
{
    cout<<"正在执行 Base 类的复制构造函数。"<<endl;
}
Base::~Base()
{
    cout<<"正在执行 Base 类的析构函数。"<<endl;
}
class Derived:public Base
{
    public:
        Derived();
        Derived(Derived &);        //复制构造函数
        ~Derived();
};
Derived::Derived()
{
    cout<<"正在执行 Derived 类的构造函数。"<<endl;
}
Derived::Derived(Derived &rd)
{
    cout<<"正在执行 Derived 类的复制构造函数。"<<endl;
}
Derived::~Derived()
{
    cout<<"正在执行 Derived 类的析构函数。"<<endl;
}
int main()
{
    Derived  d;
    Base b=d;                         //将执行 Base 类的复制构造函数
```

```
    return 0;
}
```

程序运行结果如下：

```
正在执行Base类的构造函数。
正在执行Derived类的构造函数。
正在执行Base类的拷贝构造函数。
正在执行Base类的析构函数。
正在执行Derived类的析构函数。
正在执行Base类的析构函数。
```

（3）任务小结或知识扩展

子类对象向父类对象赋值时，会隐式地调用复制构造函数将数据成员一一复制。

实践环节

为任务二中的两个类 Base 和 Derived 增加数据成员，测试向上类型转换之后 Base 类对象的内存大小。

本 章 小 结

- 派生类的直接基类是在类的定义中，使用冒号（:）加上类名指定。
- 对于单继承，一个派生类只有一个直接基类；使用多继承，派生类可以从多个基类获得函数成员和数据成员。
- 派生类除了从基类获得成员之外，还可以自定义成员。所以一般的派生类比基类要大。
- 每个派生类总是比基类更加特殊，表示更小组的对象。
- 派生类对象也是基类对象。因为在构造派生类对象时，首先要调用基类构造函数完成基类成员的初始化工作，然后再调用自身的构造函数。
- 派生类不能直接访问基类的 private 成员，它可以访问基类的 public 和 protected 成员。
- 派生类对于继承而来的基类函数成员可以重新定义。
- "is-a"表示继承关系。例如派生类对象就是一个基类对象。
- "has-a"表示组合关系。一个类的对象可以包含一个或多个其他类的对象作为数据成员。例如当类的数据成员是另一个类对象时。
- 某个派生类对象被创建时，首先调用基类的构造函数，再调用自身的构造函数；当该对象撤销时，则先调用自身的析构函数再调用基类的析构函数。
- 定义派生类时可以将基类声明为 public、protected 和 private 的。
- 当派生类继承 public 基类时，基类中 public 成员将成为派生类中的 public 成员，基类的 protected 成员成为派生类中的 protected 成员。
- 当派生类继承 protected 基类时，基类中 public 成员和 protected 成员将成为派生类中的 protected 成员。
- 当派生类继承 private 基类时，基类中 public 成员和 protected 成员将成为派生类中的 private 成员。

习　题　7

1. 请仔细阅读程序，写出下面程序的运行结果并根据要求完成任务。

```cpp
#include <iostream.h>
class Student
{
    protected:
        int m_sID;
    public:
        Student(){
            cout<<"正在构造 Student 类对象"<<endl;
        }
};
class Teacher
{
    protected:
        int m_tID;
    public:
        Teacher(){
            cout<<"正在构造 Teacher 类对象"<<endl;
        }
};
class TutorShip
{
    protected:
        Student s1;              //子对象
        Teacher t1;              //子对象
    public:
        TutorShip (){
            cout<<"正在构造 Tutorship 类对象"<<endl;
        }
};
void main(){
    TutorShip ts;
    cout<<"Back in main()\n";
}
```

- 写出该程序的运行结果。
- 为 Student 类、Teacher 类和 TutorShip 类增加析构函数，并说明程序执行时的运行结果。
- 将 Student 类中数据成员 m_sID 的访问权限改为 private，分析是否对程序的运行结果产生影响。
- 分析 Student 类、Teacher 类和 TutorShip 类之间存在什么关系。
- 改变 TutorShip 类中数据成员 s1 和 t1 的次序，观察是否影响程序的运行结果。

2. 下面是一段代码，其中包含两个具有继承关系的类：基类 Shape 和派生类 Triangle。请根据要求回答问题。

```
#include<iostream.h>
class Shape
{
    private:
        double     zhouchang;
    public:
        double set(double x=0)
        {
            zhouchang=x;
            return zhouchang;
        }

};
class Triangle: public Shape
{
    private:
        double x,y,z,zhouchang;
    public:
        Triangle(int a=0,int b=0,int c=0):x(a),y(b),z(c)
        {
            set(a,b,c);
        }
        double set(double d1,double d2,double d3)
        {
            zhouchang=d1+d2+d3;
            return zhouchang;
        }
};
```

- 在 Triangle 类中的自定义的函数成员 set 和继承而来的 set 是重载关系还是函数覆盖？为什么？
- 在 main 函数中声明 Shape 类对象 s 和 Triangle 类对象 t。
- 使用 s 和 t 调用各自类中的 set 函数设置对象数据成员的值；注意 set 函数的实参是否和形参匹配。
- 尝试使用 t 调用继承而来的 Shape 类的 set 函数；注意调用时与对象 s 调用 set 时语法的不同。

3. 某公司的员工一般分为正式员工和计时员工两种，已有定义好的类 Employee，它存储员工的 name，能够输出员工信息 print；根据已有的类 Employee 设计一个 HourlyWorker 类，该类对象（计时员工）按小时计算工资。请仔细阅读程序，根据要求回答问题。

```
#include<iostream.h>
#include<string>
using namespace std;
class Employee
{
    private:
        char name[50];
    public:
```

```
        Employee(const char * s="noName")
        {
            strcpy(name,s);
        }
        void print()const
        {
            cout<<"员工姓名为："<<name<<endl;
        }
};
class HourlyWorker:public Employee
{
    private:
        double wage;
        double hours;
    public:
        //体会 Employee(s)加在构造函数之后的作用
        HourlyWorker(const char * s,double w,double h):Employee(s)
        {
            wage=w;
            hours=h;
        }
        double getpay() const
        {
            return wage * hours;
        }
        void print() const            //该函数覆盖了基类中的 print()函数
        {
            Employee::print();
            cout<<"是位计时员工,工资为："<<getpay()<<endl;
        }
};
int main()
{
    Employee e("珍妮弗");
    e.print();
    HourlyWorker h("Bob",40,11.5);
    h.print();
    return 0;
}
```

- 写出上述程序的运行结果。
- 说明 HourlyWorker 类中的构造函数之后语句 Employee(s)的作用。
- 说明 HourlyWorker 类函数成员 print 中语句"Employee::print();"的作用。
- 说明 HourlyWorker 类中函数成员 print 是否覆盖继承而来的同名函数成员。

4. 仔细阅读下面的代码,根据要求回答问题。

```
#include<iostream.h>
class Circle
{
    protected:
```

```
        double   radius,area;                //注意该数据成员的访问权限
    public:
        Circle(double);
        void print()const;
};
Circle::Circle(double d):radius(d)
{
    area=3.14 * radius * radius;
}
void Circle::print()const
{
    cout<< "Circle:: radius="<<Circle::radius<<endl
      << "Circle:: area="<<Circle::area<<endl;
}
class Ball:public Circle
{
    public:
        Ball(double);
        void print()const;
};
Ball::Ball(double d):Circle(d)
{
    area=3.14 * 4 * radius * radius;            //radius 是基类的数据成员
}
void Ball::print()const
{
    cout<< "Ball:: radius="<<Ball::radius<<endl
      << "Ball:: area="<<Ball::area<<endl;
}
int main()
{
    Circle c(10);
    Ball b(1) ;
    c.print();
    b.print();
    //b=c;                【代码 1】
    //c=b;                【代码 2】
    //c.print();          【代码 3】
    //b.print();          【代码 4】
    return 0;
}
```

- 写出上述程序的运行结果。
- main 函数中【代码 1】是否正确？请说明原因。
- main 函数中【代码 2】是否正确？请说明原因。
- 对象 b 和 c 正确赋值之后，执行【代码 3】和【代码 4】，写出并分析运行结果。

5. 仔细阅读下面的代码，根据要求回答问题。

```
#include<iostream.h>
class Animal
```

```
{
    public:
        void show() const;
};
void Animal::show() const
{
    cout<<"动物会叫。"<<endl;
}
class Cat:public Animal
{
    public:
        void show()const;
};
void Cat::show()const
{
    cout<<"猫会叫喵喵。"<<endl;
}
class Dog:public Animal
{
    public:
        void show()const;
};
void Dog::show()const
{
    cout<<"狗能汪汪。"<<endl;
}
void show(Animal &a)
{
    a.show();
}
int main()
{
    Cat whitecat;
    Dog  littledog;
    //show(whitecat);          【代码1】
    //show(littledog);         【代码2】
    return 0;
}
```

- main 函数中的【代码1】是正确的，为什么？
- main 函数中的【代码2】是正确的，为什么？
- 写出程序的运行结果。

6. 根据下面的要求完成程序。

- 定义一个 rectangle 类，代表长方形，该类有两个数据成员 length 和 width，用来记载长度和宽度；
- rectangle 类中声明函数成员 set，它能够设置当前对象数据成员值；
- rectangle 类中声明函数成员 area，它能够求当前对象的面积并返回；
- 声明 rectangular 类是 rectangle 类的公有派生类，它代表长方体；

- rectangular 类中新的数据成员 height,用来记载当前对象的高度;
- rectangular 类中新的函数成员是 set,设置当前对象数据成员值;
- rectangular 类中新的函数成员 volume,用来计算当前对象的体积并返回;
- 在 main 函数中声明 rectangular 类对象 rect;
- 对象 rect 调用 set 函数设置当前对象的数据成员;
- 对象 rect 调用 area 函数求出并输出当前对象的面积;
- 对象 rect 调用 volume 函数求出并输出当前对象的体积。

7. 根据下面的要求编写程序。

- 设计 Date 类,该类用来代表日期;
- Date 类的数据成员包括年、月和日;
- Date 类的构造函数能够检查当前日期是否合法(例如,2010 年 1 月 50 日为非法日期),当日期合法时,将初始化数据成员;
- Date 类函数成员 setDate 在检查日期合法性之后能够重新设置日期;
- 在 Date 类函数成员 isLeapYear 能够检查某年是否是闰年;
- extDate 类是 Date 类的公有派生类;
- extDate 类新增数据成员字符串类型的 str,以能够存储日期;
- extDate 类新增函数成员,该成员能够将输入的数字月份转换为英文并输出,例如输入的月份是"7",输出是"July"。

多继承与多态

C++ 允许多继承。简单地看,多继承是单继承的扩展:虽然派生类可以同时拥有多个基类,但创建派生类对象时,依然首先按次序执行其各个基类的构造函数,然后完成自身构造函数的调用。通过多继承,能够最大限度地实现代码重用。

在继承体系下,任意一个派生类都可以改写继承而来的基类成员,也可以根据需要重新定义。这将导致同样的函数名对应不同的类中不同的代码段。C++ 提供多态特性,它将根据调用函数的对象类型确认具体执行的代码,也就是说当发生向上类型转换时,基类对象将根据赋值给它的派生类对象的类类型,执行不同的操作,产生不同的结果。

多态是面向对象语言的一大特性,一般通过虚函数实现。

8.1 多 继 承

核心知识

C++ 允许一个派生类同时有多个基类,这叫做多继承。通过多继承,派生类能够得到多个已定义好的类的特征。其语法形式为:

```
class 类名:继承方式 1 基类名 1,继承方式 2 基类名 2,…
{
    //派生类新增的数据成员和函数成员
};
```

在多重继承中,分别有 public、protected 和 private 继承。这些继承方式下派生类对基类成员的访问属性与单继承的规则相同。

能力目标

掌握多继承的语法说明。

掌握多继承下派生类对象的构造次序。

能够使用多继承派生新类。

任务驱动

任务一

(1)任务的主要内容

编写一段程序,包含 Component 类、Window 类和 ScrollBar 类以及 ScrollBarWindow 类。

使用多继承机制，完成：基类 Component 派生 Window 类和 ScrollBar 类；Window 类和 ScrollBar 类继续派生出 ScrollBarWindow 类。

- 创建 Component 类，其中数据成员是 protected 权限的 name，函数成员是 public 权限的带参构造函数；
- Window 类是 Component 类的公有派生类，它仅有一个构造函数作为成员；
- ScrollBar 类是 Component 类的公有派生类，它仅有一个构造函数作为成员；
- ScrollBarWindow 类有两个基类 Window 和 ScrollBar，继承方式都是 public 类型；
- 在 main 函数中定义 ScrollBarWindow 类对象，观察构造函数的执行次序。

（2）任务的代码

```
#include<iostream>
#include<string>
using namespace std;
class Component                 //定义组件基类
{
    protected:
        string name;
    public:
        Component(string);
};
Component::Component(string n):name(n)        {     }


//Window 类是 Component 类的公有派生类
class Window:public Component
{
    public:
        Window(string);
};
Window::Window(string name):Component(name)
{
        cout<<"构造组件名为"<<this->name<<"窗体对象"<<endl;
}


//ScrollBar 是 Component 的公有派生类
class ScrollBar:public Component
{
    public:
        ScrollBar(string);
};
ScrollBar::ScrollBar(string name):Component(name)
{
        cout<<"构造组件名为"<<this->name<<"滚动条对象"<<endl;
}


//ScrollBarWindow 是 Window 和 ScrollBar 的公有派生类
class ScrollBarWindow:public Window,public ScrollBar
{
    private:
```

```
        string   name;              //思考数据成员 name 的作用
    public:
        ScrollBarWindow(string,string);
};
ScrollBarWindow::ScrollBarWindow(string windowName,string scrollBarName):
Window(windowName),ScrollBar(scrollBarName)
    {
        this->name=windowName;
        std::cout<<"构造名为"<<this->name<<"带有滚动条的窗体对象"<<std::endl;
    }

int main()
{
    ScrollBarWindow  thewindows("windows","scrollBar");
    return 0;
}
```

程序运行结果如下：

```
构造组件名为windows窗体对象
构造组件名为scrollBar滚动条对象
构造名为windows带有滚动条的窗体对象
```

(3) 任务小结或知识扩展

- 多继承下,派生类的构造函数必须同时向所有基类构造函数传递参数。
- 多继承下,派生类对象创建时构造函数的调用次序是：先调用基类的构造函数,再调用对象成员的构造函数,最后调用派生类中的构造函数。
- 多继承下,多个基类的构造函数,按照声明派生类时指定的顺序被调用。析构函数仍然以构造函数的反次序被调用。
- 任务一中完整的 ScrollBarWindow 类对象的内存结构如图 8.1 所示。

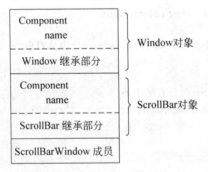

图 8.1 ScrollBarWindow 类对象的内存结构

任务二

(1) 任务的主要内容

仔细阅读下面的程序,其中包含的类分别如下：

- 类 Vehicle 中的函数成员包括：run 和 stop。
- 类 Bicycle 是 Vehicle 的公有派生类,它没有自定义的成员。

- 类 Motorcar 是类 Vehicle 的公有派生类，它没有自定义的成员。
- 类 Motorcycle 是 Bicycle 和 Motorcar 的派生类，它没有自定义的成员。
- 在 main 函数中定义 Motorcycle 类型指针，并用该指针调用函数 run。发生语法错误。
- 在 main 函数中定义 Bicycle 类型指针，并用该指针调用函数 run 和 stop。

(2) 任务的代码

```
#include<iostream.h>
class Vehicle                    //基类 Vehicle 的定义
{
    public:
        void run() const;
        void stop() const;
};
void  Vehicle:: run() const
{
    cout<<"正在执行 Vehicle::run()"<<endl;
}
void Vehicle:: stop() const
{
    cout<<"正在执行 Vehicle::stop()"<<endl;
}

class Bicycle: public Vehicle     //类 Bicycle 是类 Vehicle 的公有派生类
{         };                      //继承基类的函数成员 run 和 stop

class Motorcar: public Vehicle    //类 Motorcar 是类 Vehicle 的公有派生类
{         };                      //继承基类的函数成员 run 和 stop

//多继承，类 Motorcycle 是 Bicycle 和 Motorcar 的派生类
class Motorcycle: public Bicycle, public Motorcar
{         };                      //继承基类的函数成员 run 和 stop

int main()
{
    Motorcycle * m=new Motorcycle;
    m->run();                     //此句产生错误,编译器无法确定要调用哪个 run 函数
    Bicycle * b=new Bicycle;
    b->run();
    b->stop();
    return 0;
}
```

程序运行结果如下：

```
正在执行Vehicle::run()
正在执行Vehicle::stop()
```

(3) 任务小结或知识扩展

在上述代码中，类 Vehicle 产生了两个公有派生类 Bicycle 和 Motorcar，而这两个类又

是 Motorcycle 的基类。Motorcycle 声明的对象将包含两个类 Vehicle 的对象。这样很容易引起二义性。

在任务二的代码函数 main 中增加语句,观察会不会发生错误,并说明原因。

```
Motorcar * c=new Motorcar;
c->run();
c->stop();
```

8.2 虚 基 类

如果一个派生类中有多个基类,而且这些基类又有一个共同的直接基类,那么在派生类创建对象时,将保留多个共同基类成员的多份同名成员。例如类 Motorcycle 的直接基类是 Bicycle 和 Motorcar,这两个类拥有共同的基类 Vehicle,在构造时 Motorcycle 对象将拥有两个 Vehicle 类子对象。这样不仅占用较多的存储单元,访问这些成员函数时还容易出现错误。为了解决这个问题,C++ 提供虚基类(virtual base class)的方法,使得公共基类的派生类对象创建时,只保留一份基类子对象。

虚基类是在声明派生类并指定继承方式时声明。其语法形式是:

```
class 派生类名: virtual 继承方式 基类名
```

了解虚基类的作用。

掌握虚基类的使用方法。

(1) 任务的主要内容

设计一个类 Person,包含一般的人员信息,该类有两个派生类:员工类 Employee 和学生类 Student,还要设计一个在职学生类 Serving_student。编写一段程序,具体要求是:

- 类 Person,数据成员是 string 类型的 name,函数成员是带参构造函数;
- 类 Employee 拥有虚基类 Person,它有一个构造函数作为函数成员;
- 类 Student 拥有虚基类 Person,它有一个构造函数作为函数成员;
- 类 Serving_student 是 Employee 和 Student 的公有派生类,它定义了一个带参构造函数;
- 在 main 函数中定义 Serving_student 类对象,观察该对象创建时构造函数的执行次序。

(2) 任务的代码

```
#include<iostream>
```

```
#include<string>
using namespace std;

//类 Person 的定义
class Person
{
    private:
        string name;
    public:
        Person(string);
};
Person::Person(string s):name(s)
{
    cout<<"Person 类对象"<<name<<"正在构造"<<endl;
}

//类 Person 是类 Employee 的虚基类
class Employee: virtual public Person
{
    public:
        Employee(string);
};
Employee::Employee(string s):Person(s)
{
        cout<<"Employee 类对象"<<s<<"正在构造"<<endl;
}

//类 Person 是类 Student 的虚基类
class Student:virtual public Person
{
    public:
        Student(string);
};
Student::Student(string s):Person(s)
{
    cout<<"Student 类对象"<<s<<"正在构造"<<endl;
}

//类 Serving_student 有两个基类: Employee 和 Student
class Serving_student:public Employee,public Student
{
    public:
        Serving_student(string s);
};
Serving_student::Serving_student(string s):Person(s),Employee(s),Student(s)
{
    cout<<"Serving_student 类对象"<<s<<"正在构造"<<endl;
}

int main()
{
```

```
    Serving_student student("李华");
    return 0;
}
```

程序运行结果如下：

```
Person类对象李华正在构造
Employee类对象李华正在构造
Student类对象李华正在构造
Serving_student类对象李华正在构造
```

（3）任务小结或知识扩展

- 从上面代码的输出结果可以看出，只有类 Serving_student 构造函数的成员初始化表中列出的虚基类构造函数被调用，并且被执行一次；而类 Employee 和类 Student 构造函数的成员初始化表中列出的虚基类不再执行，从而保证虚基类的数据成员不会被多次初始化。
- C++ 中派生类如果有直接或间接的虚基类，那么它构造函数的成员初始化列表中必须列出对虚基类构造函数的调用。但只有创建对象的派生类的构造函数才能调用虚基类的构造函数，而该派生类所有基类中列出的对虚基类的构造函数的调用在执行中被忽略，从而保证对虚基类子对象只初始化一次。
- 在构造函数的成员初始化列表中出现的虚基类和非虚基类构造的调用，虚基类的构造函数执行先于非虚基类的构造函数。

实践环节

改造 8.1 节中任务二的代码，使得 Motorcycle 对象中只有一个 Vehicle 类子对象。

8.3 多态与虚函数

核心知识

面向对象语言都具有多态性。多态性是指不同类型的对象调用同名函数，对象将根据自己的类型执行不同的函数体。也就是说，类的成员函数中常出现一种情况：一个函数名，对应不同函数体。

从实现方面讲，多态可以分为编译时的多态性和运行时的多态。前者主要通过静态联编实现，在编译过程确定要调用函数的具体代码，例如 C++ 中的函数重载；后者则是在运行过程中才能确定，成为滞后联编，主要通过虚函数实现。

虚函数的标识是，关键字 virtual 出现在函数成员原型之前。其说明语法是：

```
Virtual  返回类型  函数名(形参列表);
```

虚函数允许函数调用和函数体之间的联系在运行时才建立，即在运行时才能决定调用的将是哪个函数体。

能力目标

掌握多态性的概念。

了解多态性的作用。

掌握虚函数的声明和定义方式。

了解使用虚函数影响多态性的原理。

任务驱动

任务一

（1）任务的主要内容

仔细阅读下面的代码，其中包含两个具有继承关系的类。具体说明如下：

- 类 Vehicle 数据成员是 speed，函数成员分别是带参构造函数 Vehicle 和输出函数 print；

- 类 Car 是类 Vehicle 的公有派生类，其数据成员 brand 是字符数组，用来记录汽车品牌，函数成员是带参构造函数和输出函数 print；

- 函数 test 是普通函数；

- 在 main 函数中定义 Vehicle 类和 Car 类对象，作为参数分别调用 test 函数。

（2）任务的代码

```cpp
#include<iostream>
#include<string>
using namespace std;
class Vehicle
{
    private:
        double speed;                //保存速度信息
    public:
        Vehicle(double);
        void print()const;
};
Vehicle::Vehicle(double d=0):speed(d)
{    }
void Vehicle:: print()const
{
    cout<< "Vehicle::speed="<<speed<<endl;
}

class Car:public Vehicle
{
    private:
        char brand[50];                //保存品牌信息
    public:
        Car(double d,char * s);
        void print()const;
};

Car::Car(double d,char * s):Vehicle(d)
{
```

```
        strcpy(brand,s);
    }
void Car::print()const
    {
        cout<<"Car::brand="<<brand<<endl;
    }

void test(Vehicle &r)
    {
        r.print();
    }

int main()
    {
        Vehicle v(10);
        Car theCar(120,"菲亚特");
        test(v);
        test(theCar);
        return 0;
    }
```

程序运行结果如下：

```
Vehicle::speed=10
Vehicle::speed=120
```

（3）任务小结或知识扩展

例子中，v 和 theCar 分别是基类和派生类对象，函数 test 的参数是 Vehicle 类型的引用。由于派生类对象本质上是一个基类对象，所以使用两个对象都可以作为实参调用函数 test；又由于派生类中的函数 print 覆盖了继承而来的同名函数，所以很容易期望编译器根据不同类型的对象调用不同类的函数，但是运行结果却表明：系统分不清楚传递过来的是基类对象还是派生类对象，所以直接调用基类的成员函数。

任务二

（1）任务的主要内容

仔细阅读下面的代码，其中的 Shape 类和 Rectangle 类分别是基类和派生类。Shape 类中定义了一个虚函数 showArea，派生类 Rectangle 对该函数重新定义。main 函数中分别以 Shape 类和 Rectangle 类对象作为实参调用函数 test，运行结果表明编译器能够根据实参类型确定执行的函数体。

（2）任务的代码

```
#include<iostream.h>
class Shape
{
    public:
        virtual    void showArea()const;              //虚函数声明
};
```

```
void Shape::showArea()const            //虚函数在类外定义时可以不加关键字 virtual
{
    cout<<"经计算该图形面积为: "<<endl;
}

class Rectangle:public Shape
{
    private:
        double x,y;
    public:
        Rectangle(double ,double);
        virtual void showArea()const;    //虚函数声明
};
Rectangle::Rectangle(double a,double b):x(a),y(b)
{           }
void Rectangle::showArea()const          //虚函数在类外定义时可以不加关键字 virtual
{
    cout<<"经计算该矩形面积为: "<<x * y<<endl;
}
void test(Shape &r)
{
    r.showArea();
}
int main()
{
    Shape s;
    Rectangle r(3.0,7.8);
    test(s);
    test(r);
    return 0;
}
```

程序运行结果如下：

```
经计算该图形面积为:
经计算该矩形面积为: 23.4
```

（3）任务小结或知识扩展

- 派生类中重新定义继承而来的虚函数时，函数名前可以不加关键字 virtual；
- 使用基类类型指针或引用调用虚函数时，C++ 根据调用对象的类型，在相关的派生类中选择不同函数执行，从而导致不同的效果。

任务三

（1）任务的主要内容

设计基类 Base 和派生类 Derived，观察在继承下虚函数如何进行覆盖。

（2）任务的代码

```
#include<iostream.h>
```

```cpp
class Base                    //基类 Base
{
    public:
        virtual  void show();     //声明虚函数 show
        virtual  void set();      //声明虚函数 set
};
void Base::show()             //定义虚函数 show
{
    cout<<"in Base::show()"<<endl;
}
void Base::set()              //定义虚函数 set
{
    cout<<"in Base::set()"<<endl;
}


class Derived:public Base          //派生类 Derived
{
    private:
        int x;
    public:
        virtual  void show();     //声明函数 show,覆盖继承而来的 Base::show
        virtual  void set(int);   //声明虚函数 set,该函数带有参数
};
void Derived::show()              //定义虚函数 show,覆盖继承而来的 Base::show()
{
    cout<<"in Derived::show()"<<endl;
}
void Derived::set(int x)          //定义虚函数 set,覆盖继承而来的 Base::set()
{
    cout<<"in Derived::set()"<<endl;
}
int main()
{
    Base b;
    cout<<"基类 Base 对象调用函数成员"<<endl;
    b.show();
    b.set();
    cout<<"派生类 Derived 对象调用函数成员"<<endl;
    Derived d;
    d.show();
    d.set(12);
    d.Base::set();               //调用基类的函数
    cout<<"上转型对象调用函数成员"<<endl;
    Base *pb=new Derived();
    pb->show();
    pb->set();
    return 0;
}
```

程序运行结果如下：

```
基类Base对象调用函数成员
in Base::show()
in Base::set()
派生类Derived对象调用函数成员
in Derived::show()
in Derived::set()
in Base::set()
上转型对象调用函数成员
in Derived::show()
in Base::set()
```

（3）任务小结或知识扩展

- 基类将某成员函数定义为 virtual 的，在其派生类中定义的虚函数必须与基类的虚函数在函数名、参数个数、参数类型的顺序和返回类型上相同；
- 基类和派生类中都存在仅同名的虚函数（函数名相同，参数个数或参数类型或返回值等有所不同），即使在函数名之前加上关键字 virtual，系统也不会进行滞后联编；
- 上转型对象通过函数名直接调用被派生类重新定义的函数；
- 上转型对象调用被覆盖的基类函数成员时，需要在函数名之前加上"类名∷"。

实践环节

编写程序体会虚函数的两个特点。

- 只有类的函数成员才能被声明为虚函数，因为虚函数仅适应于具有继承关系的类中；
- 静态成员函数不能设置为虚函数，因为静态成员函数不属于类对象，每个类只有一份静态成员的复制，所有对象共享这段代码。

8.4　纯　虚　函　数

核心知识

定义基类时，如果无法定义基类中的虚函数，该函数的具体操作由不同的派生类自行决定。此时，可以将虚函数定义为纯虚函数，其语法格式为：

```
vrtual 返回类型 函数名(形参列表)=0;
```

通过声明某个类中的一个或多个虚函数是纯虚函数，就使得该类成为抽象类。这个类只能作为派生类的基类，不能声明对象。

由于纯虚函数没有函数体，所以在派生类中定义它之前，不能被调用。

能力目标

掌握纯虚函数的声明方式。

能够在派生类中定义继承而来的纯虚函数。

了解纯虚函数的作用。

任务驱动

任务一

（1）任务的主要内容

- 设计基类 Animal，函数成员是 play，该函数要求被派生类实现。
- Cat 类是 Animal 类的公有派生类，它定义了继承而来的函数 play。
- 在 main 中声明 Animal 类型的指针 pa，并用派生类 Cat 创建的对象初始化。使用 pa 调用函数 play，观察程序运行情况。

（2）任务的代码

```cpp
#include<iostream.h>
class Animal
{
    public:
        virtual void play()=0;              //纯虚函数的定义形式
};
class Cat:public Animal
{
    public:
        void play();
};
void Cat::play()
{
    cout<<"猫咪在玩耍：晚上睡大觉,白天捉老鼠"<<endl;
}
int main()
{
    Animal animal;                          //错误,抽象类不能创建对象
    Animal * pa=new Cat();
    pa->play();
    return 0;
}
```

程序运行结果如下：

猫咪在玩耍：晚上睡大觉，白天捉老鼠

（3）任务小结或知识扩展

抽象类不能产生对象，但是可以定义抽象类类型的指针。当抽象类指针指向派生类对象时，必须在派生类中实现继承而来的纯虚函数，否则会发生错误。

任务二

（1）任务的主要内容

下面的程序主要功能如下：

- 设计 Point 类，该类中有两个纯虚函数，分别是 set 和 draw；

- Line 类是 Point 类的公有派生类,它实现了继承而来的纯虚函数,增加自定义的函数成员 set;
- 在 main 函数中使用 new 创建 Line 类对象,并赋值给 Point 类型指针 ptr,使用 ptr 调用 draw 和 set 函数,观察运行结果;
- 在 main 函数中创建 Line 类对象,分别调用该类的函数成员,注意运行结果。

(2) 任务的代码

```cpp
#include<iostream.h>
class Point
{
    public:
        virtual void set()=0;           //纯虚函数的定义方式
        virtual void draw()=0;          //纯虚函数的定义形式
};
class Line:public Point
{
    public:
        virtual     void set();         //派生类定义虚函数 set
        virtual     void draw();        //派生类定义虚函数 draw
        void set(int,int,int,int);      //派生类定义函数成员 set
};
void Line::set()                        //派生类重新定义虚函数 set
{
    cout<<"Line::set()正在执行"<<endl;
}
void Line::draw()                       //派生类重新定义虚函数 draw
{
    cout<<"Line::draw()正在执行"<<endl;
}
void Line::set(int,int,int,int)
{
    cout<<"Line::set(int,int,int,int)正在执行"<<endl;
}

int main()
{
    Point * ptr=new Line();             //可以声明 Point 类对象
    cout<<"使用 Point 类型指针调用函数成员"<<endl;
    ptr->draw();
    ptr->set();
    Line obj;
    cout<<"使用 Line 类对象调用函数成员"<<endl;
    obj.draw();
    obj.set();
    obj.set(1,2,3,4);
    return 0;
}
```

程序运行结果如下:

```
使用Point类型指针调用函数成员
Line::draw()正在执行
Line::set()正在执行
使用Line类对象调用函数成员
Line::draw()正在执行
Line::set()正在执行
Line::set(int,int,int,int)正在执行
```

（3）任务小结或知识扩展

- 派生类如果不能实现其抽象基类中所有的纯虚函数，则派生类也不能产生对象。
- 抽象类的主要用途是为其派生类提供基类，其中的纯虚函数是一个接口，要求要产生对象的派生类必须实现它。

实践环节

仔细阅读任务二的代码，分析并回答下面的问题。

- Line 类中如果没有实现纯虚函数 set，它是抽象类吗？
- Line 中的两个 set 函数是重载吗？
- 在 main 函数中能够使用指针 ptr 调用带 4 个参数的函数 set 吗？为什么？

8.5 虚析构函数

核心知识

构造函数不能成为虚函数，但是析构函数常被声明为虚函数。

构造函数的主要工作是逐步创建对象：首先调用基类构造函数，然后调用确定晚些派生的构造函数（例如，类中存在对象作为数据成员），最后才调用自身的构造函数。析构函数的工作与构造函数相反：它自最晚派生的类开始，一直向上到最早的基类。由于析构函数知道它所在类是由哪个类派生而来，所以可以调用某一基类的成员函数对自身清除，再调用下一个析构函数。但是当基类中已定义了一个析构函数，如果使用 new 申请一个派生类对象并将地址赋给基类指针，使用 delete 撤销对象时会发现系统只执行基类析构函数，而不执行派生类析构函数。为了避免这种情况，需要把析构函数声明为虚函数。

能力目标

理解析构函数成为虚函数的原因。

掌握声明并使用虚析构函数。

任务驱动

任务一

（1）任务的主要内容

下面是程序的主要功能说明。

- 设计一个图形类 Shape，为其定义一个虚析构函数。
- 类 Rectangle 是类 Shapepublic 的派生类。
- 在主函数中定义一个 Shape 类型的指针，并用 Rectangle 对象地址赋值。观察使用

delete 撤销对象时析构函数的执行情况。

（2）任务的代码

```cpp
#include<iostream.h>
class Shape
{
    public:
        virtual ~Shape();              //思考将析构函数设置为虚函数的作用
};
Shape::~Shape()                        //思考将析构函数设置为虚函数的作用
{
    cout<<"Shape::~Shape()执行中"<<endl;
}
class Rectangle:public Shape
{
    private:
        double x,y;
    public:
        Rectangle(double,double);
        virtual    ~Rectangle();
};
Rectangle::Rectangle(double a,double b):x(a),y(b)
{    }
Rectangle::~Rectangle()
{
    cout<<"Rectangle::~Rectangle()执行中"<<endl;
}
int main()
{
    Shape  * ps=new Rectangle(3.0,7.8);
    delete ps;
    return 0;
}
```

程序运行结果如下：

```
Rectangle::~Rectangle()执行中
Shape::~Shape()执行中
```

（3）任务小结或知识扩展

- 通常情况下，释放基类中或派生类中动态申请的存储空间时，要将析构函数定义为虚函数，但是不能将构造函数设计为虚函数。
- 虚函数与一般成员函数相比，调用速度要慢一些。因为每个派生类中都有对应的虚函数入口地址，调用也是间接实现的，所以会造成一些额外的系统开销。

任务二

（1）任务的主要内容

- 设计抽象类 Pet，定义纯虚函数～Pet；

- Goldfish 类是 Pet 的公有派生类，它定义了析构函数～Goldfish；
- 在 main 函数中定义 Goldfish 类型对象，观察程序的运行结果。

（2）任务的代码

```
#include<iostream.h>
class Pet
{
    public:
        virtual ~Pet()=0;            //该函数使得 Pet 成为抽象类
};
Pet::~Pet()
{
    cout<<"Pet::~Pet()正在执行"<<endl;
}

class Goldfish:public Pet
{
    public:
        ~Goldfish();
};
Goldfish::~Goldfish()
{
    cout<<"Goldfish::~Goldfish()正在执行"<<endl;
}

int main()
{
    Pet * ptr=new Goldfish();
    delete ptr;
    return 0;
}
```

程序运行结果如下：

```
Goldfish::~Goldfish()正在执行
Pet::~Pet()正在执行
```

（3）任务小结或知识扩展

- 如果需要一个抽象类，一般建议做法是将该类的析构函数设置为纯虚函数。
- 即使在类中设定一个纯虚的析构函数，也需要为析构函数提供一个函数体，否则会发生错误。

实践环节

在任务二 main 函数中增加代码，创建一个 Goldfish 类型的对象，观察该对象被撤销时析构函数的执行情况。

本 章 小 结

- 一个函数成员被声明为虚函数,即使在派生类中重新定义时没有被声明为虚函数,那么它从该点之后的继承层次中都保持"虚"特性。
- 派生类可以根据需要重新定义继承而来的虚函数。
- 没有定义虚函数的类直接继承其基类的虚函数。
- 构造函数不能是虚函数。
- 内联函数不能是虚函数,因为编译时直接在调用点展开内联函数的代码,目的是减少调用函数产生的系统开销;而虚函数是为了继承体系中的对象能够准确地执行自己的代码,运行时才动态地将函数名和具体的代码段进行绑定。
- 继承时出现的多态是函数名调用时编译器根据不同类型的对象采取的不同操作。
- 带有虚函数的类的每一个对象都包含一个指向该类虚函数表(vtable)的指针。
- 多态通常通过虚函数实现。具体地说,就是通过基类指针或引用请求调用函数时,C++会在与对象关联的派生类中选择合适的函数来执行。
- 通过继承和多态,能够保证对于一个函数成员的调用会根据接受到对象的类别做出不同的反应。
- 纯虚函数是在声明时被初始化为 0 的函数。
- 将类的一个或多个函数成员声明纯虚函数,就使得该类成为抽象类。
- 可以声明对象的类称为具体类。
- 抽象类不能创建对象,只能作为基类。
- 如果抽象类的派生类没有提供继承而来的纯虚函数的定义,那么该派生类也是一个抽象类。
- 如果基类中包含虚函数,可以将析构函数设置为虚的,这样可以使得所有派生类的析构函数自动成为虚函数。

习　题　8

1. 什么是虚函数?
2. 多态如何使得程序"一般化"而不是"特殊化"? 这样做有什么好处?
3. 区分静态联编和动态联编。
4. 区分虚函数和纯虚函数。
5. 请仔细阅读下面的程序,写出程序的运行结果。

```
#include<iostream.h>
class Circle                //类 Circle 的定义
{
    private:
        float radius;
    public:
        Circle(float);
```

```
        double area();
};
Circle::Circle(float r):radius(r)
{    }
double Circle::area()
{
    return 3.14 * radius * radius;
}


class Table                    //类 Table 的定义
{
    private:
        float height;
    public:
        Table(float);
        float getvalue();
};
Table::Table(float h):height(h)
{    }
float Table::getvalue()
{
    return height;
}


class RoundTable:public Circle,public Table              //类 RoundTable 的定义
{
    private:
        int color;
    public:
        RoundTable(float,float,int);
};
RoundTable::RoundTable(float r,float h,int c):Circle(r),Table(h)
{
    color=c;
}


int main()
{
    RoundTable t(1,10,20);
    cout<<"桌子 t 的高度为："<<t.getvalue()<<endl
        <<"桌面面积为"<<t.area()<<endl;              //调用 Table 类成员函数
    return 0;
}
```

6. 请仔细阅读下面的程序，写出程序的运行结果。

```
#include<iostream.h>
class Point
{
    private:
        double x,y;
```

```
    public:
        Point(double,double);
        double area() const;
};
Point::Point(double i,double j)
{
        x=i;     y=j;
}
double Point::area() const
{
        cout<<"in Point::area()"<<endl;
        return 0.0;
}


class Rectangle:public Point
{
    private:
        double w,h;
    public:
        Rectangle(double,double,double,double);
        double area() const;
};
double Rectangle::area() const
{
    cout<<"in   Rectangle::area()"<<endl;return w*h;
}
Rectangle::Rectangle(double i,double j,double k,double l):Point(i,j)
{
        w=k;        h=l;
}
void fun(Point &s)
{
        cout<<s.area()<<endl;
}


int main()
{
        Rectangle rec(3.0,5.5,15.4,25.3);
        fun(rec);
        return 0;
}
```

7. 请仔细阅读下面的程序，写出程序的运行结果。

```
#include<iostream.h>
class Base
{
    public:
        virtual void print() const;        //虚函数的声明形式


};
```

```
void Base::print() const                    //虚函数的定义形式
{
    cout<<"Base::print()执行中"<<endl;
}
class Derived:public Base
{
    private:
        int x,y;
    public:
        Derived(int,int);
};
Derived::Derived(int a,int b):x(a),y(b)
{     }
int main()
{
    Derived d(3,4);
    d.print();
    return 0;
}
```

8. 请仔细阅读下面的程序，写出程序的运行结果。

```
#include<iostream.h>
class A
{
    private:
        int a;
    public:
        virtual void fn()=0;        //此句定义了一个纯虚函数
        A();
};
A::A(){a=10;cout<<"in A()"<<endl;}

class B: public A
{
    int b;
    public:
        B();
        void fn();
};
B::B()
{
    b=100;
    cout<<"in B()"<<endl;
}
void B::fn()
{
    cout<<"in B::fn()"<<endl;
}

int main()
```

```
{
    B theb;
    theb.fn();
    return 0;
}
```

9. 根据要求编写代码。

- 设计 Shape 类，它是一个抽象基类；
- Shape 类中的函数成员是 print；
- Shape 类派生出 TwoDimensionalShape（二维形状类）和 ThreeDimensionalShape（三维形状类），这两个类也是抽象类；
- TwoDimensionalShap 包含虚函数 area；
- ThreeDimensionalShape 中包含虚函数 area 和 volume；
- Circle 类是 TwoDimensionalShape 的派生类，它是一个具体类；
- Circle 类中数据成员 radius 表示半径；
- Circle 类中函数成员 set 能够设置数据成员的值；
- 在 main 函数中声明 Shape 类指针 ps 和 TwoDimensionalShape 类指针 ptr；
- 在 main 函数中声明 Circle 类对象 c；
- 对象 c 调用函数成员 set，为当前对象数据成员赋值；
- 用对象 c 的地址为指针 ps 和指针 ptr 赋值；
- 分别使用 c、ps 和 ptr 调用 area 函数，观察结果。

10. 根据要求编写代码。某学校教师的工资构成包括基本工资＋课时补贴。其中教授的基本工资是 5000 元，每课时补贴 40 元；副教授基本工资 4000 元，每课时补贴 30 元；讲师基本工资 2000 元，每课时补贴 20 元。编写程序求若干教师的工资。

- 定义教师抽象类；
- 教师抽象类中定义函数成员 pay，用来计算并返回当前对象的工资，函数成员 set 用来设置课时数；
- 教师抽象类中定义数据成员 name 用来储存姓名，salary 表示基本工资，hourlyWages 表示课时补贴，rank 表示教师职称；
- 定义教授类，它是教师抽象类的派生类；
- 定义副教授类，它是教师抽象类的派生类；
- 定义讲师类，它是教师抽象类的派生类；
- 在 main 函数中创建姓名为"张伟明"的教授，他的课时数为 16；
- 在 main 函数中创建姓名为"邹洁"的讲师，她的课时数为 48。

运算符重载

C++ 允许运算符重载,用户可以为自定义的数据类型预定义某些运算,从而使代码更加直观、易读。由于运算符重载本质上是函数重载,所以可以通过常规的方式声明函数来实现它,重载运算符的名称始终是 operator 和要重载的运算符,例如 operator＋、operator＋＝等。

C++ 中大部分运算符允许重载,但运算符重载后不能改变其原来的优先级别、结合性和操作数的数量。运算符重载函数常以函数成员或友元的方式出现,二者之间略有区别。

9.1　运算符函数

核心知识

C++ 提供的运算符是针对基本数据类型的。如果要将运算符应用到自定义数据类型,则使运算符作用在不同类型的数据上导致不同的行为,就需要进行运算符重载。

运算符重载本质上是函数重载。C++ 规定:运算符函数名由关键字 operator 和要重载的运算符组成。例如:operator ＋、operator＞＞等是运算符函数名。重载运算符一般有两种形式:重载为类函数成员和类友元函数。

能力目标

掌握运算符函数的含义。

理解如何重载运算符。

掌握将运算符函数作为类成员进行重载。

任务驱动

任务一

（1）**任务的主要内容**

设计一个类 Complex,其数据成员是 real 和 image,在类中定义函数成员 operator＋,重载运算符＋,使之能够对 Complex 对象进行加法运算。

（2）**任务的代码**

```cpp
#include<iostream.h>
class Complex
{
    private:
        double real,image;
    public:
        void set(double,double);
        void print() const;
        Complex operator+(Complex);          //将算术运算符+重载为类成员
};
void Complex::set(double r,double i)
{
    real=r;
    image=i;
}
void Complex::print() const
{
    cout<<real<<"+"<<image<<"*i"<<endl;
}
Complex Complex::operator+(Complex right)    //函数成员重载运算符+只有一个参数
{
    Complex temp;
    temp.real=this->real+right.real;
    temp.image=this->image+right.image;
    return temp;
}
int main()
{
    Complex A,B,C;
    A.set(1.2,0.9);
    B.set(9,0.3);
    C=A+B;                    //调用函数成员 operator+
    C.print();
    return 0;
}
```

程序运行结果如下：

```
10.2+1.2*i
```

（3）**任务小结或知识扩展**

- 运算符重载为类函数成员具体的语法形式是

    函数返回类型 operator 运算符 (参数列表)；

- 编译器将指定的运算符表达式转化为对运算符函数的调用，进行运算的对象成为函数的实参，并且会根据实参类型确定要调用的具体函数。上例中表达式 A＋B 被编译器解释为 A. operator＋(B)。

- 将双目运算符重载为类函数成员时,运算符重载函数的形式参数只有一个,它作为运算符的右操作数,而当前对象作为左操作数通过 this 指针隐式传递给函数。

任务二

(1)任务的主要内容

设计一个类 Complex,其数据成员是 real 和 image,定义友元函数 operator＋,使得 Complex 对象参与加法运算符计算。

(2)任务的代码

```cpp
#include<iostream.h>
class Complex
{
    private:
        double real,image;
    public:
        void set(double,double);
        void print() const;
        friend Complex operator+(Complex,Complex);      //友元函数重载算术运算符+
        friend Complex operator+(Complex,int);          //友元函数重载算术运算符+
};
void Complex::set(double r,double i)
{
    real=r;
    image=i;
}
void Complex::print() const
{
    cout<<real<<"+"<<image<<" * i"<<endl;
}
Complex operator+(Complex com1,Complex com2)
{
    Complex temp;
    temp.real=com1.real+com2.real;
    temp.image=com1.image+com2.image;
    return temp;
}
Complex operator+(Complex com,int x)
{
    Complex temp;
    temp.real=com.real+x;
    temp.image=com.image;
    return temp;
}
int main()
{
    Complex A,B,C;
    A.set(1.2,0.9);
    B.set(9,0.3);
    C=A+B;              //调用友元函数 operator+(Complex ,Complex)
```

```
        C.print();
        C=A+88;              //调用友元函数 operator+(Complex,int)
        C.print();
        return 0;
}
```

程序运行结果如下：

```
10.2+1.2*i
89.2+0.9*i
```

（3）任务小结或知识扩展

- 在 C++ 中,把运算符函数定义为某个类的友元,称为友元运算符重载函数。其语法形式是：friend 返回值类型 operator 运算符(参数表)。
- 友元运算符函数重载双目运算符时,参数表中有两个操作数；重载的是单目运算符时,参数表中只有一个操作数。
- 运算符函数可以有任意类型的返回值,但通常返回值类型与操作数类型相同。

实践环节

根据上面代码,尝试重载其他算数运算符,例如：＋＝、－＝、＊ 等,使之能够应用到两个 Complex 对象上。

9.2 重载运算符＝

核心知识

一个类对象向该类的其他对象赋值可以通过复制构造函数来完成,也可以为一个类重载赋值运算符"＝",使它能够接受其他类型参数进行赋值。例如,string 类对象能够接受 char ＊ 类型数据。

需要注意的是,赋值运算符函数只能作为类的函数成员,返回值一般都是同类型的引用。

能力目标

理解赋值运算符函数的定义和调用。

任务驱动

任务一

（1）任务的主要内容

设计一个类 MyString,重载赋值运算符,使之既能够使用 char ＊ 类型赋值,也能够用 MyString 对象进行赋值。

（2）任务的代码

```
#include<iostream>
```

```
#include<string>
using namespace std;
class MyString
{
    private:
        int size;
        char * str;
    public:
        MyString(char * );
        void print() const;
        //赋值运算符重载集合
        MyString &operator=(const char * );
        MyString &operator=(const MyString &);
};
MyString::MyString(char * s)
{
    size=strlen(s);
    str=new char[size+1];
    strcpy(str,s);
}
void MyString::print() const
{
    cout<<"str="<<str<<endl<<"size="<<size<<endl;
}
MyString & MyString::operator=(const MyString &strobj)
{
    size=strlen(strobj.str);
    str=new char[strobj.size+1];
    strcpy(str,strobj.str);
    return * this;
}
MyString &MyString::operator=(const char * sobj)
{
    if(!sobj)                   //判断传递的参数 sobj 是否为空
    {
        size=0;
        delete[] str;
    }
    else
    {
        size=strlen(sobj);
        delete[] str;
        str=new char[size+1];
        strcpy(str,sobj);
    }
    return * this;
}
int main()
{
    MyString s1("asdfgh"),s2(s1);
    MyString s3=s2;
    s1.print();
    s2.print();
```

```
        s3.print();
        return 0;
}
```

程序运行结果如下：

```
str=asdfgh
size=6
str=asdfgh
size=6
str=asdfgh
size=6
```

（3）任务小结或知识扩展

- C++ 不允许重载的运算符有：.（成员访问运算符）、.*（成员指针访问运算符）、::（作用域运算符）、sizeof（求长度运算符）、?:（条件运算符）。
- C++ 大部分运算符允许重载，其中运算符＝、()、[]、—> 只能作为类的函数成员进行重载。

任务二

（1）任务的主要内容

设计一个类 MyString，重载复合运算符＋＝，提供字符串复合赋值功能。

（2）任务的代码

```
#include<iostream>
#include<string>
using namespace std;
class MyString
{
    private:
        int size;
        char * str;
    public:
        MyString(char * );
        MyString(MyString &);
        void print() const;
        //复合赋值运算符重载集合
        MyString &operator+=(const char * );
        MyString &operator+=(const MyString &);
        ~MyString();
};
MyString::MyString(char * s)
{
    size=strlen(s);
    str=new char[size+1];
    strcpy(str,s);
}
MyString::MyString(MyString &rs)
{
    size=rs.size;
```

```
        str=new char[size+1];
        strcpy(str,rs.str);
}
void MyString::print() const
{
        cout<<"str="<<str<<endl<<"size="<<size<<endl;
}
MyString & MyString::operator+=(const MyString &strobj)
{
    if(strobj.str)                    //判断引用的字符串是否为空,不为空则执行下面语句
    {
        MyString temp(*this);
        size+=strobj.size;            //计算连接后的字符串的大小
        delete []str ;                //释放已有空间
        str=new char[size+1];         //申请足够大的存储空间来包含连接后的字符串
        strcpy(str,temp.str);         //将已有字符串复制到新空间
        strcpy(str+temp.size,strobj.str);        //附加 strobj 的字符串
    }
    return *this;
}
MyString &MyString::operator+=(const char * sobj)
{
    if(sobj)            //判断传递的参数 sobj 是否为空,不为空则执行下面语句
    {
        MyString temp(*this);
        size+=strlen(sobj);          //计算连接后的字符串的大小
        delete[] str;                //释放已有空间
        str=new char[size+1];
        strcpy(str,temp.str);
        strcpy(str+temp.size,sobj);
    }
    return *this;
}
MyString::~MyString()
{
    delete []str;
    size=0;
}
int main()
{
    MyString str1("Sherlock"),str2("Holmes");
    str1+=" ";                       //调用 MyString &operator+=(const char * )
    str1+=str2;                      //MyString &operator+=(const MyString &)
    str1.print();
    return 0;
}
```

程序运行结果如下:

```
str=Sherlock Holmes
size=15
```

（3）**任务小结或知识扩展**

- C++ 允许对已有运算符进行重载，但不允许自定义新的运算符；
- 重载运算符时不能改变操作数个数、原有优先级别和原有结合性。

实践环节

- 在任务一类 MyString 中，重载＋运算符，提供字符串连接功能。
- 任务二类 MyString 不提供构造函数 MyString（MyString &），会不会发生错误？

9.3　重载运算符＋和－

核心知识

一元运算符＋和－，分别得到操作数的副本和相反数。
二元运算符＋和－，表示对对象做加法和减法操作。

能力目标

掌握一元运算符的重载。
掌握运算符－的重载。

任务驱动

任务一

（1）**任务的主要内容**

根据以上定义的 Complex 类，重载一元运算符＋和－，使之能够对 Complex 对象进行操作。

（2）**任务的代码**

```
#include<iostream.h>
class Complex
{
    private:
        double real,image;
    public:
        void set(double,double);
        void print() const;
        Complex operator+();
        Complex operator-();
};
void Complex::set(double r,double i)
{
    real=r;
    image=i;
}
```

```
void Complex::print() const
{
    cout<<real<<"+"<<image<<"*i"<<endl;
}
Complex Complex::operator+()
{
    return *this;
}
Complex Complex::operator-()
{
    Complex temp;
    temp.real=-this->real;
    temp.image=-this->image;
    return temp;
}
int main()
{
    Complex A,B;
    A.set(-31,9);
    B.set(5,-3);
    (+A).print();
    (-B).print();
    return 0;
}
```

程序运行结果如下：

```
-31+9*i
-5+3*i
```

（3）任务小结或知识扩展

以函数成员重载运算符时，一元运算符函数不能带参数，唯一的参数可以通过 this 指针得到；而以友元的方式重载运算符，一元操作函数有一个参数。

任务二

（1）任务的主要内容

设计一个 Point 类，重载减法运算符求两点之间的距离。

（2）任务的代码

```
#include<iostream.h>
#include<cmath>
class Point
{
    private:
        int x,y;
    public:
        Point(int,int);
        void print() const;
        double operator-(const Point &);
```

```
};
Point::Point(int i,int j):x(i),y(j)                //成员初始化列表
{    }
double Point::operator-(const Point &r)
{
    double dx=x-r.x;
    double dy=y-r.y;
    return sqrt(dx * dx+dy * dy);
}
int main()
{
    Point a(7,6),b(11,9);
    cout<< "a、b 两点的距离为: "<< (a-b) <<endl;
    return 0;
}
```

程序运行结果如下：

```
a、b两点的距离为: 5
```

（3）任务小结或知识扩展

以函数成员重载运算符时，二元运算符只能带一个参数，并且对应的是表达式中的右操作数，左操作数也是通过 this 指针得到；而以友元的方式重载运算符，二元运算符带有两个参数，分别对应左右两个操作数。

实践环节

设计一个 RMB 类，数据成员有元、角、分；设计一个函数成员重载二元运算符－，计算两个该类对象之间的差额。

9.4 重载关系运算符

核心知识

关系运算符有＝＝、！＝、＞ 和＜等。

能力目标

设计一个类重载运算符＝＝、！＝、＞ 和＜，用来比较该类对象。

任务驱动

（1）任务的主要内容

设计一个类 MyString，在类体中定义相应的运算符函数比较该类对象的大小。

（2）任务的代码

```
#include<iostream>
#include<string>
```

```cpp
using namespace std;
class MyString
{
    private:
        int size;
        char * str;
    public:
        MyString(char * );
        void print() const;
        //运算符函数 operator==设置为该类的函数成员
        bool operator==(const MyString &);
        //运算符函数 operator!=设置为该类的函数成员
        bool operator != (const MyString &);
        //运算符函数 operator>设置为该类的函数成员
        bool operator > (const MyString &);
        //运算符函数 operator<设置为该类的函数成员
        bool operator< (const MyString &);
};
MyString::MyString(char * s)
{
    size=strlen(s);
    str=new char[size+1];
    strcpy(str,s);
}
void MyString::print() const
{
        cout<<str<<endl;
}
bool MyString::operator==(const MyString &string)
{
    if (size!=string.size)
        return false;
    return strcmp(str,string.str)?false:true;
}
bool MyString::operator != (const MyString &string)
{
        return !(str==string.str);
}
bool MyString::operator > (const MyString &string)
{
        return strcmp(str,string.str)>0;
}
bool MyString::operator< (const MyString &string)
{
        return strcmp(str,string.str)<0;
}
int main()
{
    MyString str1("Sherlock Holmes"),str2("BBC");
    str1.print();
```

```
        str2.print();
        if(str1>str2)
            cout<<"str1>str2"<<endl;
        else if(str1==str2)
            cout<<"str1 equal str2"<<endl;
        else if(str1<str2)
            cout<<"str1>str2"<<endl;
        return 0;
}
```

程序运行结果如下：

```
Sherlock Holmes
BBC
str1>str2
```

实践环节

将上例中运算符函数声明为友元，重新编写程序。

9.5　重载运算符++和－－

核心知识

递增（++）和递减（－－）统称为增量运算符，是两个较常用的单目运算符。通常情况下有两种版本：作为前缀或作为后缀。前缀的自增或递减被定义为一元运算符；重载的递增或递减后置运算符的声明中有一个额外的 int 型参数。

增量运算符作为前缀时，首先对对象（操作数）进行操作，然后返回该对象。也就是说，前增量运算符函数的参数和返回值是同一个对象。增量运算符作为前缀使用时，必须在进行操作之前返回原有的对象值。为此，运算符函数中需要创建一个临时对象，存放原有对象（操作数），以便对操作数进行修改时能够保存原先的值。即：后增量运算符函数返回的是存放在临时对象中的值而不是原对象，原对象的值已经被修改。

重载的递增或递减运算符可以声明为函数成员，也可以声明是友元函数。

能力目标

理解增量运算符作为前缀和后缀时的不同。

掌握增量运算符的重载方式。

理解增量运算符函数的调用。

任务驱动

任务一

（1）任务的主要内容

设计一个 Coord 类，在该类中以函数成员的方式重载运算符"++"和"－－"，使之作为前缀和后缀对 Coord 对象进行增量运算。

(2) 任务的代码

```cpp
#include<iostream.h>
class Coord
{
    private:
        int x;
    public:
        Coord(int);
        void print() const;
        int operator++();              //参数表为空,当前对象是一个操作数
        int operator++(int);
};
Coord::Coord(int i):x(i)             //成员初始化列表
{   }
void Coord::print() const
{
    cout<<"x="<<x<<endl;
}
int Coord:: operator++()             //前缀
{
    ++x;
    return x;
}
int Coord:: operator++(int)          //后缀,不用给出形参名称
{
    int number=x;
    ++x;
    return number;
}
int main()
{
    Coord m(10),n(100);
    int i=++m;                       //等价于 int i=m.operator++();
    cout<<"i="<<i<<endl;
    m.print();
    int j=n++;                       //等价于 int j=n.operator++(0);
    cout<<"j="<<j<<endl;
    n.print();
    return 0;
}
```

程序运行结果如下：

```
i=11
x=11
j=100
x=101
```

(3) 任务小结或知识扩展

对于单目运算符,成员运算符函数的参数表中没有参数,当前对象是该运算符的一个操作数。

任务二

（1）任务的主要内容

定义一个类 Point，分别以函数成员和友元的方式重载运算符"－－"，使之能够以后缀或前缀的形式对 Point 对象进行增量运算。

（2）任务的代码

```
#include<iostream.h>
class Point
{
    private:
        int x,y;
    public:
        Point(int i=0,int j=0);
        Point operator--();                    //函数成员重载前置运算符--
        Point operator--(int);                 //函数成员重载后置运算符--
        friend Point operator--(Point&);       //友元函数重载前置运算符--
        friend Point operator--(Point&,int);   //友元函数重载后置运算符--
        void showPoint();
};
Point::Point(int i,int j):x(i),y(j)            //成员初始化列表
{    }
Point Point::operator--()
{
    --this->x;
    --this->y;
    return *this;                              //返回自减后的对象
}
Point Point::operator--(int)
{
    Point point(*this);
    this->x--;
    this->y--;
    return point;                              //返回自减前的对象
}
Point operator--(Point& point)
{
    --point.x;
    --point.y;
    return point;                              //返回自减后的对象
}
Point operator--(Point& point,int)
{
    Point point1(point);
    point.x--;
    point.y--;
    return point1;                             //返回自减前的对象
}
void Point::showPoint()
```

```
    {
        cout<<"("<<x<<","<<y<<")"<<endl;
    }
    int main()
    {
        Point point(10,10);
        point.operator--();                    //或--point
        point.showPoint();                     //前置自减运算结果
        point=point.operator--(0);             //或 point=point--
        point.showPoint();                     //后置自减运算结果
        operator--(point);                     //或--point;
        point.showPoint();                     //前置自减运算结果
        point=operator--(point,0);             //或 point=point--;
        point.showPoint();                     //后置自减运算结果
        return 0;
    }
```

程序运行结果如下：

```
<9,9>
<9,9>
<8,8>
<8,8>
```

（3）任务小结或知识扩展

- 对于前缀方式重载运算符函数 operator++：作为类的函数成员时，参数列表中没有参数，函数原型为：返回值类型 operator++()；作为类的友元函数时，有一个该类类型的形式参数，函数原型为：返回值类型 operator++(类类型 &)。
- 对于后缀方式的运算符函数 operator++：作为类的函数成员时，参数列表中有一个 int 型参数，函数原型为：返回值类型 operator++(int)；作为类的友元函数时，有两个形式参数，函数原型为：返回值类型 operator++(类类型 &,int)。

实践环节

使用友元函数重载运算符++。

9.6 重载运算符[ ]

核心知识

C++ 中的下标运算符[ ]表示在某抽象容器类中获取其中的单独元素，string 类是容器类的例子，对它使用下标运算符很有必要。

下标运算符是一个二元运算符，必须被定义为类的函数成员。该运算符函数第一个参数是 this 指针，第二个参数是下标值（该参数显式地出现在参数列表中）。

能力目标

掌握下标运算符[ ]函数的定义。

能够重载下标运算符函数。

任务驱动

（1）任务的主要内容

在类 MyString 中，重载运算符[ ]，提供对字符串单个字符的访问。

（2）任务的代码

```cpp
#include<iostream>
#include<string>
using namespace std;
class MyString
{
    private:
        int size;
        char * str;
    public:
        MyString(char * );
        void print() const;
        int length() const;
        char &operator[](int);
};
MyString::MyString(char * s)
{
    size=strlen(s);
    str=new char[size+1];
    strcpy(str,s);
}
void MyString::print() const
{
        cout<<"str="<<str<<endl<<"size="<<size<<endl;
}
int  MyString::length() const
{
    return size;
}
char &MyString::operator[](int index)
{
    if((index>=0)&&(index<size))            //对 index 的合法性进行判断
        return str[index];
}
int main()
{
    MyString str("Sherlock Holmes");
    for(int i=0;i<str.length();i++)
    cout<<str[i];
    cout<<endl;
```

```
        return 0;
    }
```

程序运行结果如下：

Sherlock Holmes

（3）任务小结或知识扩展

- 下标运算符必须能够出现在一个赋值运算符的左右两边，所以一般为该运算符函数设置的返回值类型时的一个引用；
- 一般对下标运算符函数进行定义时，对接收到的索引值要进行边界检查。

实践环节

重载下标运算符时，一般情况下将其分别定义为常成员函数和普通成员函数。常成员函数通过常量引用或者值返回元素，一般作为右值；而普通成员函数则可以创建一个可修改的左值。发生函数调用，当对象是常量时，编译器选择调用常成员函数；对象是变量时，调用普通成员函数。

在类 MyString 中，根据下面的要求增加代码。

- 定义 Mystrcpy 函数，它能够逐个字符复制字符串；
- 定义常量函数成员 char operator[](int)const，该函数能被常量对象调用，并且其返回值只能作为右值使用。

9.7 重载运算符（）

核心知识

函数调用运算符 operator()比较特殊，它可以带有任意数量的参数，甚至可以带任意数量个有默认值的参数。

可以为一个类类型重载函数调用运算符()，使得对象的行为和函数行为类似。重载的 operator()必须被声明为函数成员，它的参数列表中可以有任意多的参数，参数类型和返回值也可以是 C++ 允许的任意类型。

能力目标

掌握运算符()函数的定义。

能够重载运算符()函数。

任务驱动

任务一

（1）任务的主要内容

设计一个类 AbsInteger，定义一个函数成员 operator()，该函数能够取一个 int 型数的绝对值。

（2）任务的代码

```
#include<iostream.h>
class AbsInteger
{
    public:
        int operator()(int ival);
};
int AbsInteger::operator()(int ival)
{
    int integer=(ival<=0)?(-ival):ival;
    return integer;
}
int main()
{
    AbsInteger obj;
    int abs=obj.operator ()(-88);
    cout<<abs<<endl;
    return 0;
}
```

程序运行结果如下：

```
88
```

（3）任务小结或知识扩展

重载了函数调用运算符()的类，创建对象后调用函数时，可以将对象名看做是函数名。

任务二

（1）任务的主要内容

在类 MyString 中，重载运算符()，能够从该类对象中返回一个子串。

（2）任务的代码

```
#include<iostream>
#include<string>
using namespace std;
class MyString
{
    private:
        int size;
        char * str;
    public:
        MyString(char * );
        void print() const ;
        int length() const;
        MyString  operator()(int,int);
};
MyString::MyString(char * s)
```

```
{
    size=strlen(s);
    str=new char[size+1];
    strcpy(str,s);
}
void MyString::print() const
{
        cout<<"str="<<str<<endl<<"size="<<size<<endl;
}
int  MyString::length() const
{
    return size;
}
MyString  MyString::operator()(int index,int len)
{
    if((index<0)||(index>size)||(index+len)>size)
    {
        cout<<"参数错误!"<<endl;
        exit(1);
    }
    char  * pc=new char[len+1];
    for(int i=0;i<len;i++)
        pc[i]=str[index+i];
    pc[len]='\0';
    MyString temp(pc);
    delete []pc;
    return temp;
}
int main()
{
    MyString str("Sherlock Holmes");
    MyString s=str(9,6);
    s.print();
    return 0;
}
```

程序运行结果如下：

```
str=Holmes
size=6
```

（3）任务小结或知识扩展

在类成员函数中重载运算符时，注意不要返回引用，否则会出现警告。

实践环节

阅读上述代码，体会运算符()为什么必须重载为函数成员。

本 章 小 结

- 函数重载就是在同一个作用域内以相同的名称定义多个函数体。这些函数本质上做着相同的工作。编译器通过函数的形参列表中参数个数、参数类别和参数顺序来选择执行具体的代码段。
- 函数重载使得同一功能的函数可以拥有相同的名字,减轻用户记忆函数名的压力。
- 编译器不能通过返回值类型不同来区分不同的函数。
- 在一个类中常成员函数和普通成员函数是有区别的,即使它们有着相同名称和形参列表:常量对象调用的将是常成员函数,而非常量对象调用普通成员函数。
- 运算符重载允许用户根据需要利用 C++ 提供的运算符重新设计自己的类,并且重载运算符比使用显式的函数调用更能提高程序的可读性。
- 运算符重载通过重新定义函数实现,函数名由关键字 operator 和其后要重载的运算符组成。
- 不是所有的运算符都可以重载。其中只有域作用域运算符::、成员访问运算符.、强制类型转换运算符()和条件运算符?:等不能重载。
- 一般情况下,运算符重载函数中不能出现默认参数。
- 运算符重载后,优先级不能改变,结合性不能改变。
- 运算符重载后,函数携带的参数数目不能改变。例如,二元运算符重载之后只能是二元的。
- 一般情况下,运算符重载函数作为函数成员时,它至少有一个参数(可以是隐式参数也可以显式出现)是该类的对象。
- 不能建立新的运算符,只有现有的运算符才能被重载。
- 运算符重载不能改变原有运算符的含义。
- 重载运算符()、[ ]、—>和=时,重载的运算符函数必须声明为类的成员函数;其他的运算符被重载时,既可以是成员函数也可以是普通函数。
- 赋值运算符=是最经常被重载的,它常把一个对象赋值给同类别的另一个对象。
- 重载增量运算符++或--时,因为它们既可以前置又可以后置,所以必须在函数中有一个明确的特征,使得编译器能够辨别不同的运算符版本。重载前置的增量运算符与其他前置的一元运算符相同;重载后置的增量运算符时,将提供第二个参数(int 类型)。

习 题 9

1. 判断题

(1) operator 函数既可以是类的成员函数,也可以是非成员函数。 ( )

(2) 重载运算符时,不能修改原运算符的优先级和操作数数量,但是可以修改它的结合性。 ( )

(3) C++ 允许使用运算符重载创建新的运算符。 ( )

(4) C++ 中所有的运算符都可以进行重载。　　　　　　　　　　　(　)

(5) 所有的运算符重载函数都可以声明为类的成员函数。　　　　　　(　)

2. 简答题

(1) 什么是运算符重载?

(2) 运算符重载怎样实现?

(3) 在什么情况下将运算符重载函数声明为成员函数? 为什么?

3. 完成程序。在 MyString 类中重载运算符(),其函数原型是: int MyString∶∶operator()(char const ∗ string)const。具体要求是: 该函数接收一个字符串,并返回该字符串在 MyString 对象中出现的次数。

(1) MyString 类

```cpp
#include<iostream>
#include<string>
using namespace std;
class MyString
{
    private:
        int size;
        char * str;
    public:
        MyString(char * );
        int  operator()(char const * )const;
};
```

(2) main()函数

```cpp
int main()
{
    MyString const  str("1+2+3+4+…+100=?");
    int counter1=str("+");
    int counter2=str("A");
    cout<<"字符串:1+2+3+4+…+100=?中符号+出现的次数是: "<<counter1
      <<";符号 A 出现的次数是: "<<counter2<<endl;
    return 0;
}
```

(3) 运行结果

字符串:1+2+3+4…+100=?中符号+出现的次数是: 4;符号A出现的次数是: 0

4. 完成程序。在 Complex 类能够对复数进行操作。复数的格式是: realPart + imaginaryPart ∗ I,其中 $i^2 = -1$。要求:

• 重载乘法运算符,使之能够对两个复数进行操作;

• 重载 ＝＝ 运算符,它能够判断两个复数是否相等,如果是,返回 true,否则返回 false;

• 重载 != 运算符,比较两个复数;

• Complex 类的声明如下:

```cpp
#include<iostream.h>
```

```
class Complex
{
    private:
        double real;
        double imaginary;
    public:
        Complex(double,double);
        void print()const;
};
Complex:: Complex (double   realPart, double  imaginaryPart): real (realPart),
imaginary(imaginaryPart)
{   }
void Complex::print()const
{
    cout<<real<< "+"<<imaginary<< " * i"<<endl;
}
```

模　　板

C++通过模板支持通用代码。通用代码不受数据类型的影响,并且可以根据要处理的对象自动适应数据类型的变化。本章介绍模板——一种较常见的通用代码:利用模板,通过单个代码段,不仅可以指定全部相关的(重载)函数,即函数模板,还可以指定全部相关类,称类模板。

函数模板不是一个真实的函数,编译系统不会产生任何可执行代码,它只是对函数的描述。只有当编译器发现该函数被调用时,通过实参类型生成一个模板函数。该模板函数与函数模板的定义体相同,只是用实参类型替换函数形参表中与模板相同的数据类型。

类似的,类模板也是一个抽象的概念,当用户需要编写的程序代码几乎包含完全相同的多个类时,就可以使用它。类模板能够实例化成为模板类。

10.1　模　板　函　数

核心知识

如果程序的操作对于每种数据类型是一样的,则可以使用函数模板。给出一个函数模板的定义,在确定这个函数调用时提供的参数类型后,C++将自动产生不同的模板函数来正确处理每种类型的调用,可以说,定义一个函数模板就定义了解决方案。

使用模板可以使用户绕开数据类型,专注于功能实现,编写与类型无关的代码。例如void swap(int,int)函数能交换两个int型数据,但不能交换两个double型数据,为此需要重新编写一个函数。这样一来,出现两个函数体大致相同,仅仅参数类型不同的函数。函数模板提供一种机制:保留函数定义和函数调用的语义,编译器对函数的参数或返回类型进行参数化,而函数体保持不变。

模板函数的通用形式是:

```
template<class 形参名,class 形参名>   //模板前缀
返回值类型 函数名(参数列表)
{
    函数体
}
```

• 关键字 template 总是放在模板定义和声明的最前面。

- 用尖括号括起来、逗号分隔的模板参数表。这个列表是模板参数表,不能为空。模板参数表就是函数模板的形参列表,其中每个形参前面加上关键字 class(或 typename),表示通用类型标识符。如果缺少这个关键字,会导致语法错误。

下面是函数模板的定义:

```
template<class T>          //模板参数列表
void swap(T &a, T &b)
{
    T temp=a;
    a=b;
    b=temp;
}
```

能力目标

理解函数模板的含义。

能够定义函数模板。

能够使用具体类型参数生成相应的模板函数。

任务驱动

任务一

(1) 任务的主要内容

设计一个函数模板 max,能够求出给定参数中的较大值,并在 main()函数中使用不同类型的参数进行测试。

(2) 任务的代码

```
#include<iostream.h>
template<class T>
T max(T a,T b)
{
    return ((a>b)?a:b);
}
int main()
{
    //double 类型使用 max 模板
    double x=213.21,y=7.897;
    cout<<"x="<<x<<"    "<<"y="<<y<<endl
      <<"max(x,y)="<<max(x,y)<<endl;
    cout<<"max(1.234*4+1100,8.12)="<<max(1.234*4+1100,8.12)<<endl;
    //char 类型使用 max 模板
    char c1='a',c2='\0x8';
        cout<<"c1="<<c1<<"    "<<"c2="<<c2<<endl
      <<"max(c1,c2)="<<max(c1,c2)<<endl;
    return 0;
}
```

程序运行结果如下：

```
x=213.21      y=7.892
max(x,y)=213.21
max(1.234*4+1100,8.12)=1104.94
c1=a     c2=8
max(c1,c2)=a
```

（3）任务小结或知识扩展

- 函数模板不是函数，只是为一组相关函数编写的统一代码。
- 第一次使用函数模板将使得编译器产生一个对应的模板函数的定义，具体的步骤是：当编译器发现有一个函数模板名的调用，它将根据实参表中的对象或变量类型，先确认是否匹配函数模板的模板形参表，然后生成一个函数。该函数的定义体与函数模板的定义体相同，数据形参的类型根据实参类型而变化，称为模板函数。
- 一个函数模板可以生成多个不同的模板函数。例如上例中的函数模板生成了 max (int,int)和 max(double,double)。

任务二

（1）任务的主要内容

定义一个函数模板 display，根据需要显示内容。在 main 函数中使用不同类型的实参生成不同的模板函数。

（2）任务的代码

```cpp
#include<iostream.h>
template<class T1,class T2>
void display(T1 x,T2 y);            //函数模板声明
int main()
{
    //实参为字符,生成模板函数 display(char,char)
    char a='D';
    display(a,char(a+15));
    //实参为 string,生成模板函数 display(string,string)
    char str1[]="It is a",str2[]="test";
    display(str1,str2);
    //实参为 int 型和 double 型,生成模板函数 display(int,double)
    int n=10;
    double d=1.2345;
    display(n,d);
    //实参为 char 型和 string 型,生成模板函数 display(char,string)
    display(a,str1);
    return 0;
}
//函数模板的定义
template<class T1,class T2>void display(T1 x,T2 y)
{
    cout<<x<<"    "<<y<<endl;
}
```

程序运行结果如下：

```
D     S
It is a     test
10    1.2345
D     It is a
```

（3）任务小结或知识扩展

- 函数模板也可以先声明后定义。
- 定义函数模板时，在 template 语句和函数模板定义语句之间不允许插入其他语句。关键字 template 告诉编译器，随后的函数定义将操作一个或更多未指明的数据类型。

实践环节

定义一个函数模板 swap，能够交换任意基本类型的变量空间。例如，swap 能够交换两个相同类型的数据，或者交换不同类型的数据。

10.2 函数模板重载

核心知识

当函数针对不同参数产生不同的操作时，可以使用函数重载的方式；如果出现参数不同，却需要通用或相同的操作时，就要用到函数模板。

函数模板可以重载。它可以和一个同名的普通函数重载，也可以和同名的另一类函数模板重载。函数模板重载时，同名的函数模板必须有不同的参数表。

调用时，模板机制规定：如果一个函数名调用既匹配普通函数，又匹配模板函数，则先匹配普通函数。

能力目标

掌握函数模板重载。

掌握函数模板重载时的调用机制。

任务驱动

任务一

（1）任务的主要内容

定义一个函数模板 add，它与一个同名的普通函数重载，在 main()函数中使用函数名调用时，观察运行结果，分析编译器匹配顺序。

（2）任务的代码

```cpp
#include<iostream.h>
template<class T>
T add(T a,T b)                    //定义函数模板 add
{
    return a+b;
```

```
}
int add(int x,int y,int z=99)                //与模板同名的普通函数
{
    cout<<"在 Add(int,int,int)中"<<endl;
    return x+y+z;
}
int main()
{
    int ia=121,ib=361;
    cout<<"ia+ib="<<add(ia,ib)<<endl;
    //调用的是普通函数 add(int,int,int)
    double d1=9.234,d2=.766;
    cout<<"d1+d2="<<add(d1,d2)<<endl;
    //使用函数模板,生成模板函数 add(double, double)
    return 0;
}
```

程序运行结果如下:

```
在Add<int,int,int>中
ia+ib=581
d1+d2=10
```

(3) 任务小结或知识扩展

函数模板和同名的非模板函数重载时,调用顺序如下:

- 寻找一个参数完全匹配的普通函数,调用它,否则执行下一步。
- 寻找一个函数模板,根据实参实例化为匹配的模板函数,执行它。

任务二

(1) 任务的主要内容

定义两个同名的函数模板,注意参数表不同。在 main()函数中使用具体数据进行测试,观察运行结果并分析。

(2) 任务的代码

```
#include<iostream.h>
template<class T>
T & max(T &a,T &b)
{
    return a>b?a:b;
}
template<class T>
T *  max(T * a,T * b)
{
    return * a> * b?a:b;
}
int main()
{
    int a=121,b=361;
    cout<<"a 和 b 之中较大者是"<<max(a,b)<<endl;
```

```
//匹配第一个函数模板
cout<<"a 和 b 之中较大者是"<< * max(&a,&b)<<endl;
//匹配第二个函数模板
return 0;
}
```

程序运行结果如下：

```
a和b之中较大者是361
a和b之中较大者是361
```

（3）任务小结或知识扩展

模板函数调用时不允许参数类型转换，也就是说，调用函数的实参必须和某个已经存在的模板函数的形参完全相同才可以匹配。例如可以增加两个语句，查看运行时会发生什么情况。

```
double d=1.234;
cout<<"a 和 d 之中较大者是"<< * max(&a,&d)<<endl;
```

实践环节

为任务二的代码中增加一个普通函数 max，它能够返回字符串中的较大者。在 main 函数中使用数据进行测试，观察并分析调用同名的两个函数模板和一个普通函数的匹配顺序。

10.3　函数模板举例

核心知识

函数模板提供了一种机制，通过它保留函数定义和函数调用的语义，将一段代码封装起来，根据调用时实参的类型自动将模板中形式参数和返回类型等部分或全部进行参数化而函数体保持不变，从而生成各种类型的模板函数。

能力目标

理解函数模板的意义。
掌握函数模板的使用方法。
理解函数模板与模板函数的关系。
掌握函数模板的重载以及匹配机制。

任务驱动

任务一

（1）任务的主要内容

- 设计一个函数模板 copy，它将一个数组中的元素复制到另一个数组中；
- 设计一个函数模板 print，它能够将数组中的元素依次输出；
- 在 main 函数中使用具体的数组测试这两个函数模板。

（2）任务的代码

```cpp
#include<iostream.h>
template<class T>
void copy(T A[],T B[],int n)        //函数模板 Copy,将数组 B 中的元素复制到数组 A 中
{
    for(int i=0;i<n;i++)
        *(A++)=*(B++);
}
template<class T>
void print(T A[],int n)             //函数模板 print,将数组 A 中的元素逐个输出
{
    for(int i=0;i<n;i++)
        cout<<"A["<<i<<"]="<<A[i]<<"  ";
    cout<<endl;
}
int main()
{
    int arr1[15]={1,2,3,4,5},arr2[5];
    copy(arr2,arr1,5);
    print(arr2,5);
    return 0;
}
```

程序运行结果如下：

```
A[0]=1  A[1]=2  A[2]=3  A[3]=4  A[4]=5
```

任务二

（1）任务的主要内容

- 设计一个函数模板 bubble,对数组元素进行排序；
- 设计一个函数模板 print,它能够将数组中的元素依次输出；
- 在 main 函数中进行测试,并分析运行结果。

（2）任务的代码

```cpp
#include<iostream>
#include<string>
using namespace std;
template<class T>
void bubble(T A[],int n)            //函数模板 bubble,将数组 A 中的元素进行排序
{
    T temp;
    for(int i=0;i<n;i++)
        for(int j=i+1;j<n;j++)
            if(A[i]>A[j])
            {
                temp=A[i];
                A[i]=A[j];
                A[j]=temp;
```

```
        }
}
template<class T>
void print(T A[],int n)                //函数模板 print,将数组 A 中的元素逐个输出
{
    for(int i=0;i<n;i++)
        cout<<"A["<<i<<"]="<<A[i]<<"  ";
    cout<<endl;
}
int main()
{
    //用函数模板处理 int 型数组
    int arr[]={521,2,332,41,565};
    bubble(arr,sizeof(arr)/sizeof(int));
    print(arr,sizeof(arr)/sizeof(int));
    //用函数模板处理 char 型数组
    char str[50];
    cout<<"请输入字符串：";
    cin>>str;
    int size=strlen(str);
    bubble(str,size);
    print(str,size);
    return 0;
}
```

程序运行结果如下：

```
A[0]=2  A[1]=41  A[2]=332  A[3]=521  A[4]=565
请输入字符串: Blizzard
A[0]=B  A[1]=a  A[2]=d  A[3]=i  A[4]=l  A[5]=r  A[6]=z  A[7]=z
```

实践环节

设计一个函数模板，该模板能够求得任意数值的绝对值，例如 int、long 和 double。

10.4　类　模　板

核心知识

使用类模板可以定义具有共性的一组类，这组类除了类型参数、函数返回值类型之外，其他都相同，从而使同一段代码处理不同类型的对象。类模板的定义格式为：

```
template<class 参数名>   //模板参数表
class 类名
{
    //类成员声明
}
```

类模板的声明或定义以关键字 template 开始，后面是一个逗号分隔的模板参数表，用尖括号括起来（<>）。这个模板参数表不能为空，其中可以是一个类型的参数，也可以是多个类型的参数。

在类模板定义时,成员数据、成员函数的返回值和形式参数的类型一般不具体指定,可以用一个虚拟类型代替。其中成员函数既可以在类模板内定义,也可以在类模板外定义。

一个类模板可以生成多个模板类,方法是用具体的数据类型代替虚拟类型。

能力目标

理解类模板的作用。

掌握定义类模板的方法。

能够区分类模板和模板类。

任务驱动

任务一

(1) 任务的主要内容

- 设计一个类模板 Exam_class,其中定义了构造函数 Exam_class、set 和 get;
- 在 main 函数中使用具体参数生成模板类。

(2) 任务的代码

```
#include<iostream.h>
template<class T>
class Exam_class
{
    private:
        T value;
    public:
        Exam_class(T t):value(t)
        {   }
        void set(T a)
        {
            value=a;
        }
        T get()
        {
            return value;
        }
};
int main()
{
    Exam_class<int>a(10);
    //用 int 型代替类模板中的虚拟类型 T,生成模板类 Exam_class<int>
    cout<<"a.get()="<<a.get()<<endl;
    a.set(898);
    cout<<"a.get()="<<a.get()<<endl;
    return 0;
}
```

程序运行结果如下:

```
a.get()=10
a.get()=898
```

（3）任务小结或知识扩展

类模板可以定义对象。格式为：

类模板名<实参表>对象名;
或类模板名<实参表>对象名(实参);

任务二

（1）任务的主要内容

设计类模板 Compare，定义成员函数 max，它返回两个数中的较大者。

（2）任务的代码

```cpp
#include<iostream.h>
template<class T>
class Compare
{
    private:
        T x,y;                          //声明两个 T 类型的数据成员
    public:
        Compare(T a=0,T b=0):x(a),y(b)  //类模板 Compare 的构造函数,带默认参数
        {    }
        T max();                        //声明成员函数 max
};
template<class T>                       //类外定义成员函数 max
T  Compare<T>:: max()
{       return x>y?x:y;     }
int main()
{
    Compare<char >cmp1 ('a');           //使用 char 型数据测试
    cout<<"cmp1.max()="<<cmp1.max()<<endl;
    Compare<int >cmp2(321,123);         //使用 int 型数据测试
    cout<<"cmp2.max()="<<cmp2.max()<<endl;
    Compare<double>cmp3(9.876,9);       //使用 doublet 型数据测试
    cout<<"cmp3.max()="<<cmp3.max()<<endl;
    return 0;
}
```

程序运行结果如下：

```
cmp1.max()=a
cmp2.max()=321
cmp3.max()=9.876
```

（3）任务小结或知识扩展

* 类模板中的构造函数可以带默认参数。
* 成员函数在类模板外定义，需要在成员函数定义之前进行模板声明，并且在该函数名前加上"类名<类型参数>"。

```
Template<class 参数表>
返回值类型 类名<类型参数>::函数名(形参列表)
{
    //函数体
}
```

实践环节

在任务二类模板中,增加函数成员 set,它能够设置当前对象的数据。

10.5   类模板举例

核心知识

使用类模板,可以让编译器根据程序提供的参数类型生成不同的模板类的源代码。模板类与一般的类一样,可以声明对象。

使用具体的数据类型生成模板类的形式如下:

类模板名<数据类型列表>;

其中,<数据类型列表>由多个数据类型组成,它们之间使用逗号分隔。

能力目标

能够区分类模板和模板类。

能够理解模板类的创建过程。

任务驱动

(1) 任务的主要内容

设计类模板 List,它的成员包括以下几种。

* 数据成员:max_length 表示当前列表最大容量的;current_length 表示当前元素个数;ptr 是指针,它指向当前列表的起始地址。
* 带参构造函数,它能够将当前对象初始化为一个空列表。
* 析构函数,撤销当前对象占用的空间。
* 常函数成员 length,它返回当前列表的元素个数。
* 函数成员 add,在列表未满的情况下,为列表尾增加元素。
* 常函数成员 full,判断列表是否已满,是返回 true,否则返回 false。
* 函数成员 erase,删除列表中所有元素,列表置空。
* 在 main 函数中创建 int 类型的列表,其中最多包含 10 个元素,并在空表表尾增加两个元素,输出当前列表中的元素个数。

(2) 任务的代码

```
#include<iostream.h>
template<class T>
```

```
class List
{
    private:
        int max_length;              //定义列表的最大元素个数
        int current_length;          //定义当前元素个数
        T * ptr;                     //指向列表的起始地址的指针
    public:
        List(int);                   //将对象初始化为一个空列表
        ~List();                     //撤销列表对象
        int length()const;           //返回当前列表的元素个数
        void add(T);                 //在列表未满的情况下,为列表尾增加元素
        bool full()const;            //判断列表是否已满,是返回 true,否则返回 false
        void erase();                //删除列表中所有元素,列表置空
};
template <class T>
List<T>::List(int n):max_length(n),current_length(0)
{
    ptr=new T[n];
}
template <class T>
List<T>::~List()
{
    delete    []ptr;
}
template <class T>
int List<T>::length()const
{
    return current_length;
}
template <class T>
void List<T>::add(T   item)
{
    if(full())
    {
        cout<<"列表空间已满,不能添加新元素!"<<endl;
        return ;
    }
    ptr[current_length]=item;
    current_length=current_length+1;
}
template <class T>
bool List<T>::full()const
{
    return (current_length==max_length);
}
template <class T>
void List<T>::erase()
{
    current_length=0;
}
```

```
int main()
{
    List<int>array(10);
    array.add(99);
    array.add(88);
    cout<<"当前列表中的元素个数是："<<array.length()
        <<endl;
    array.erase();
    cout<<"将列表置空后,其中的元素个数是："<<array.length()
        <<endl;
    return 0;
}
```

程序运行结果如下：

```
当前列表中的元素个数是：2
将列表置空后；其中的元素个数是：0
```

（3）任务小结或知识扩展

- 类模板是编译器用来生成类代码的方法；
- 定义类模板时,一般将模板函数成员的声明放在类内部。

实践环节

- 请在该类模板中增加函数成员 getItem(int index)。该函数首先判断 index 是否合法,合法时返回当前位置元素,否则提示错误信息。
- 请在类模板中增加函数成员 show。这是一个常函数成员,它首先判断当前列表是否为空,为空时提示信息,否则依次输出列表中的元素。

本 章 小 结

- 通过模板可以使用一个代码段指定一组相关函数（模板函数）或一组相关类（模板类）。
- 使用模板函数,只需要编写一次函数模板的定义。编译器将基于调用函数时提供的参数类型,产生单独的函数（模板函数）。
- 所有函数模板的定义是以关键字 template 开始,其后跟着一对尖括号（<>）括起来的类型参数列表。函数模板中的参数列表每个参数之前使用关键字 class（或 typename）。
- 模板中定义的参数列表可以指定传递给函数的参数类型、函数返回值和声明函数中的参数。
- 函数模板可以重载。
- 函数模板可以和其他同名但不同参数的函数模板重载,也可以和同名但不同参数的普通函数重载。
- 类模板提供描述类和通过模板指定不同类型类的方法。
- 类模板定义时使用类型参数。

• 模板类的定义使用 tempalte ＜class T＞（或 tempalte ＜typename T＞），指明这是一个带类型参数 T（指明新创建类的类型）的模板类的定义。

习　题　10

1. 判断对错。如果不正确，请说明原因。

（1）模板提供了用一个代码段指定一组相关函数或相关类的方法。　　　　（　　）

（2）所有的函数模板定义都是以关键字 template 开始，其后跟着使用尖括号括起来的形式类型参数表。　　　　（　　）

（3）函数模板可以和另一个同名的普通函数构成重载。　　　　（　　）

（4）关键字 class 或 typename 表示函数模板类型参数，实际上既可以是已有的数据类型，也可以是任何用户自定义的类型。　　　　（　　）

（5）每个模板类都会获得类模板的非静态函数成员的一份副本。　　　　（　　）

2. 从一个函数模板产生的相关函数都同名，编译器通过什么样的方法来决定具体调用哪个函数？

3. 请说明模板的定义。

4. 在下面的模板前缀中，对参数 T 的描述哪个是正确的？　　　　（　　）

```
template<class T>
```

A. T 必须是一个类。

B. T 只能是 C++ 提供的数据类型。

C. T 可以是任意类型：既可以是 C++ 提供的数据类型，也可以是用户自定义类型。

5. 根据前文中给出的类模板 List，请增加以下成员。

• 函数成员 empty，它的返回类型是 bool。如果当前列表为空，返回 true，否则返回 false。

• 函数成员 insert(T item, int index)。它的返回成员是 List 类型，功能是在指定位置 index 之后插入一个元素 item。该函数首先判断 index 是否合法、列表空间是否允许插入，再逐个移动元素插入新数值 item。

• 函数成员 delete(int index)。它的返回类型是 List，功能是删掉指定位置的元素。该函数首先判断列表是否为空，然后位置 index 是否合法，最后删掉指定位置元素。

• 函数成员 delete(T item)。它的返回类型是 List，功能是删掉指定数值的元素。该函数首先判断列表是否为空，然后判断是否有存在指定数值的元素（寻找第一个），如果有则删掉首次找到的元素，否则返回。

6. 请定义一个函数模板 search，它能搜索任何类型的数组，如果搜索成功，返回当前位置；否则返回搜索失败的信息。

7. 编写一个类模板，它能够根据具体的参数类型指定数组元素，并且提供下面的功能。

• 根据下标获得数组元素的值；

• 删掉数组中指定位置的元素；

• 在数组的指定位置之前加入某元素。

类模板：

```
#include<iostream.h>
template<class T>
class List
{
    private:
        int max_length;              //定义列表的最大元素个数
        int current_length;          //定义当前元素个数
        T * ptr;                     //指向列表的起始地址的指针
    public:
        List(int);                   //将对象初始化为一个空列表
        ~List();                     //撤销列表对象
        int length()const;           //返回当前列表的元素个数
        void add(T);                 //在列表未满的情况下,为列表尾增加元素
        bool full()const;            //判断列表是否已满,是返回 true,否则返回 false
        void erase();                //删除列表中所有元素,使列表置空
};
template<class T>
List<T>::List(int n):max_length(n),current_length(0)
{
    ptr=new T[n];
}
template<class T>
List<T>::~List()
{
    delete    []ptr;
}
template<class T>
int List<T>::length()const
{
    return current_length;
}
template<class T>
void List<T>::add(T   item)
{
    if(full())
    {
        cout<<"列表空间已满,不能添加新元素!"<<endl;
        return ;
    }
    ptr[current_length]=item;
    current_length=current_length+1;
}
template<class T>
bool List<T>::full()const
{
    return (current_length==max_length);
}
template<class T>
void List<T>::erase()
```

```
{
    current_length=0;
}

int main()
{
    List<int>array(10);
    array.add(99);
    array.add(88);
    cout<<"当前列表中的元素个数是："<<array.length()
        <<endl;
    return 0;
}
```

请在该类模板中增加函数成员 getItem(int index)。该函数首先判断 index 是否合法，合法时返回当前位置元素，否则提示错误信息。

请在类模板中增加函数成员 show。这是一个常函数成员，它首先判断当前列表是否为空，为空时提示信息，否则依次输出列表中的元素。